[美]苏珊·凯恩
[美]格雷戈里·莫内
[美]埃丽卡·莫罗
/著
[美]格兰特·斯奈德/绘
杨惠/译

中信出版集团｜北京

图书在版编目（CIP）数据

内向孩子的竞争力 /（美）苏珊·凯恩,（美）格雷戈里·莫内,（美）埃丽卡·莫罗著;（美）格兰特·斯奈德绘；杨惠译. -- 北京：中信出版社，2023.5
书名原文：Quiet Power: The Secret Strengths of Introverted Kids
ISBN 978-7-5217-5548-0

Ⅰ.①内… Ⅱ.①苏…②格…③埃…④格…⑤杨… Ⅲ.①内倾性格—青少年教育—家庭教育 Ⅳ.① B848.6 ② G782

中国国家版本馆 CIP 数据核字（2023）第 074541 号

Quiet Power: The Secret Strengths of Introverted Kids by Susan Cain
Copyright © 2016 by Susan Cain
This edition arranged with InkWell Management, LLC.
through Andrew Nurnberg Associates International Limited
Simplified Chinese translation copyright © 2023 by CITIC Press Corporation
ALL RIGHTS RESERVED
本书仅限中国大陆地区发行销售

内向孩子的竞争力
著者：　［美］苏珊·凯恩　［美］格雷戈里·莫内　［美］埃丽卡·莫罗
绘者：　［美］格兰特·斯奈德
译者：　杨惠
出版发行：中信出版集团股份有限公司
　　　　　（北京市朝阳区东三环北路 27 号嘉铭中心　邮编 100020）
承印者：　河北京平诚乾印刷有限公司

开本：880mm×1230mm 1/32　　印张：7.5　　字数：144 字
版次：2023 年 5 月第 1 版　　　　印次：2023 年 5 月第 1 次印刷
京权图字：01-2016-9087　　　　　书号：ISBN 978-7-5217-5548-0
定价：49.00 元

版权所有·侵权必究
如有印刷、装订问题，本公司负责调换。
服务热线：400-600-8099
投稿邮箱：author@citicpub.com

献给贡佐、山姆和伊莱。

——苏珊·凯恩

内向者宣言

1. 安静的性情中蕴含着一种超强的力量。
2. 那些总是沉浸在思考中的人,也被称为"思想家"。
3. 伟大的构想,往往产生于独处之时。
4. 你可以像橡皮筋一样尽情舒展,向外探索,比如,你可以走到聚光灯下,就像外向者一样。别担心,独处的机会总会再有的。
5. 然而,即便有时你需要舒展,在那之后,你仍应回归自我。
6. 两三知己比一百个熟人更重要(虽然拥有熟人也很有必要)。
7. 内向者和外向者就像阴和阳——我们爱彼此,需要彼此。
8. 你可能会为了逃避打招呼而抄小路溜掉,这很正常,没关系。
9. 不是非得成为一个热情四射的领导者才能带好团队,看看圣雄甘地就知道了。
10. 甘地说过:"用一种温柔的方式,你也可以撼动世界。"

Declaration

目 录

导读一　孩子内向有什么不好吗？/ 熊莹　　　　　　　　　　　/ V
导读二　愿每个孩子都能使用"安静的力量"在这个世界驰骋 / 大 J　/ XI
导读三　自信、舒适、成功的内向人生 / 一爸　　　　　　　　　/ XV
导读四　挖掘内向孩子内心的力量，是我们毕生要做的努力！ / OK 妈　/ XXI

引　言　　　　　　　　　　　　　　　　　　　　　　　　　　/ 001

第一部分
安静地适应校园

对内向的孩子来说，适应嘈杂的校园生活颇为艰难，因为他们只有在安静的环境中才能恢复能量。如果能适当引导他们发现自身固有的"超能力"，找到自己的热情所在，并全心全意去追随，那么他们的学生时代必将安然度过，还能过得精彩！

第 1 章　踏进餐厅
追随自己的直觉，采取行动寻找平衡　　　　　　　　/ 015

第 2 章　投入课堂
表达自己的需求，找到适合的发言方式　　　　　　　/ 028

第 3 章　小组讨论
找准自己的角色定位，与能力互补者合作　　　　　　/ 039

第 4 章　参与竞选
利用自己的天然优势，努力促成改变的发生　　　　　/ 047

第二部分
安静地进行社交

内向的孩子会担心自己交不到朋友,因为他们更喜欢独处,而不是侃侃而谈。但他们其实自然而然地就能在让人感到放松的情况下倾听,进而揭示隐藏的精彩真相,建立真正欣赏和支持自己的社交圈。聆听内心的声音,放手去做吧!

第5章 结交朋友
保持开放的心态,寻找能激发真实自我的知己 /063

第6章 参加派对
找到适合自己的方式出席大型派对,组织更私密的小型派对 /075

第7章 网络社交
通过社交媒体跟进朋友圈,从而在现实世界中实现更紧密的联结 /085

第8章 与外向者搭档
欣赏和学习那些气质相异的人,与之建立强大的合作关系和友谊 /094

第三部分
安静地发展兴趣和爱好

随着内向的孩子兴趣爱好日渐丰富,他们能在对话以外找到更多沟通情感与思想的方式,从而更容易向周围人表达自我。他们独立、顽强、善于想象,只要启发他们关注自己好奇的事情,循着它的引导不断努力,一段神奇的生命之旅即可就此打开。

第 9 章　表达创造力
独处时坚持钻研某项技能,并尝试同他人分享作品和想法　　/ 107

第 10 章　进行体育锻炼
刻意练习吸引自己的个人或团体运动,让大脑享受放松和快乐　/ 119

第 11 章　出发探险
内向的特质天生适合探索,时刻激励自己向前迈出一步　　/ 128

第 12 章　改变世界
全情投入一件有影响力的事情,一点一点地延伸自己　　/ 139

第 13 章　站在聚光灯下
提前充分准备表演内容,按照自己的节奏逐渐适应　　/ 150

第四部分
安静地融入家庭

漫长的一天结束后，内向的孩子需要安静一会儿——把世界的喧嚣关在外面，与自己的思想和感受相处。他们有不被打扰的需求，但也要尊重家人的感受，并学会在遇到困难时寻求家人的帮助。这就是家人存在的意义！

第 14 章　恢复壁龛
在家里辟出一个安全空间，用来清醒头脑，做回自己　　/ 167

第 15 章　动静相宜
设定相处规则，找到自己所需和家人所需之间的平衡　　/ 177

结　语　　/ 183

给老师的提醒：课堂上安静的革命　　/ 189

给父母的提醒　　/ 195

致　谢　　/ 201

注　释　　/ 203

导读一
孩子内向有什么不好吗？

熊莹 / 文
《好妈妈就是家庭CEO》作者
新东方学校原高管
美国大学招生委员会（NACAC）资深成员
"赴美中国精英学者"奖学金评审主席

我不止一次被父母问到这样的问题："熊老师，我的孩子有点内向，我该怎么办？怎么样才能让他在外人面前更放开一点？"

我的学生也有类似的困惑："熊老师，我不太爱说话，也不太爱参加社团活动，申请大学是不是没什么优势？要去美国读大学会不会很难融入环境？"

我真希望那个时候手头就有这本《内向孩子的竞争力》，那样，我不仅可以理直气壮地反问他们"孩子内向有什么不好吗？不爱说话、不爱参加社团活动又有什么关系呢？"，而且还可以告诉他们，内向的孩子该怎么面对这个世界。

是的，这个世界，对内向的人确实不够友好。

似乎整个社会都已经默认，内向是一种天生的劣势。内向的人通常会表现得不善言辞、不够主动、不容易融入新环境，在群体中相对安静的人更容易被忽略，也会因此失去很多表现自我和获得认可的机会。特别是在学校，一群孩子聚在一起的时候，不经意间大家的注意力就会更容易落在外向孩子的身上。

所以，哪怕像我这样明显属于外向性格的人，也会不自觉地掩饰自己内向的一面，就像李宗盛大哥在歌里唱的那样："然而大伙都在，笑话正是精彩，怎么好意思，一个人走开。"

可是，这并不是真实完整的世界。就好像面前有一座有着玻璃幕墙的大厦，我们从外面看到的，只不过是投射在玻璃幕墙上外部世界的影子，要是我们以为这就是大厦的全部，那就大错特错了。这本《内向孩子的竞争力》是这样一本书：它向读者展现了"内向孩子"这座玻璃幕墙大厦的内部，以及被长久忽略的内向性格的力量。

如果你是一个因为孩子内向而焦虑的父母，你现在就需要这本书！

作者在书中说：

"我们作为父母的职责就是帮助孩子成长，拓展他们的边界，同时，我们一定要尊重并乐于接受他们真实的样子。正如一位内向孩子的母亲埃莉诺所说：'对于内向孩子来说，父母的支持更为重要。他们比普通孩子更需要队友——就是那些懂他们的人。'"

"懂"是解决焦虑的良药。

当父母懂得内向和外向只是基于神经系统差异导致的个体对社交场合以及感官体验的不同反应，就会明白性格内向并不是一种需要治疗的疾病，它与生俱来，也无须改变。

懂得之后，父母会欣喜地看到以前没有看到的内向孩子与生俱来的优势：深刻的思考力、高度的集中力、泰然的自处力和杰出的倾听力。接下来父母要做的就是：鼓励孩子发展特长和自我表达，帮助孩子应对社交，为孩子提供可以独处的空间和时间。

今年暑假，我又见到了当年担心自己性格内向无法融入集体的学生。他现在在华尔街做数据分析，事业和生活都在稳步上升，坐下来聊天时还是听得多、说得少，和6年前最大的差别是他话语间流露出的满满的自信。我这些年接触过的内向学生，不少都进入了竞争激烈的常春藤盟校，陆续有了良好的职业发展。相信我，他们能做到的，你的孩子也一样能做到。在这本书里也有大量这方面的真实案例，相信读后更能让父母安心。

所以，只要了解并且学会运用内向的力量，内向的孩子完全可以成为人生的赢家。

如果你是一个因为有点内向而自卑的中学生，这本书就是你的校园生活指南！

书里写的可能正是你的心声："对内向孩子来说，中学时代最为艰难，因为当所有孩子都挤在一栋楼里时，好像获得尊重和友谊的唯一方式就是放大自己的声音和表情。"

你可能因为无法像那些外向的孩子一样在人群中焕发活力而自卑，也可能正在下定决心要做出改变。可是，先等等，你更应该做的不是否定和改变自己，而是接纳、适应、珍惜那个内向的自己！这本书中有很多和你一样的孩子，他们会帮你明白你所经历的一切都是正常的，你从来就不孤独。

从教室到校园，再到兴趣小组以及家里，作者都给出了详细的策略和方法，告诉你内向的孩子应该怎样安静地适应校园、进行社交、发展兴趣爱好以及找到自己和家人之间的平衡。尽管书中提到的孩子和你不在同一个国家，但心理学家早就证明，内向和外向这种性格特质根本不受文化和语言的影响，这就意味着，他们能做到的，你也一定能做到！

安静的你们，不仅能交到知心的朋友，得到众人的认可，更可能成为有力的领导者，而且相比外向的孩子，你们更有可能依靠天生的专注而成为聚光灯下的成功者。

如果你是个要天天和学生打交道的老师，不论是在幼儿园、小学还是中学，这本书都值得一读再读！

每对父母有百分之五十的概率生出一个内向的孩子，但老师百分之百会天天与内向的孩子打交道。

对老师来说，这是个巨大的挑战。即使老师理解、认同内向孩子的性格特点，但要在课堂上帮助他们，还要面临另一个问题：不能牺牲外向学生的需求。

书里虽然只用很少的篇幅具体解释了如何解决这样的难题，却是一个良好的开端。至少，老师们不再认为"那些内向或安静的孩子需要被改变"，这就已经是一种进步了。当然，作者在书中也提到，一个尽职的老师能够找到很多种与内向孩子沟通、帮助他们成长的方法。

当然，这个世界上没有人是纯粹内向或外向。性格虽然难以改变，但我们仍旧可以尽力向另一个方向延伸自己，让自己从外部世界和内心都能获得力量。比如说，这本书我就是在工作日的午休时间坐在车的驾驶座上看完的。外向的我，也需要那样一个小小的空间作为自己的"恢复壁龛"（你在书中会读到这个词），让我可以"静一静"，听听自己内心的声音。

还有一件小事也值得一提：作者之一的苏珊·凯恩也是一个生来内向的人，她曾在 TED 做过一场广受欢迎的演讲《内向性格的力量》。这本身就是一个对内向者最有说服力的例子。

真高兴这本《内向孩子的竞争力》终于在中国出版了。希望这本书会被更多的人，特别是青少年读到，希望理解、接纳、支持内向性格的人多一点，再多一点，让安静的孩子们拥有更广阔的成长空间。

导读二

愿每个孩子都能使用
"安静的力量"在这个世界驰骋

大 J/ 文
成长型家庭教育引领者
百万育儿畅销书作者
百万粉丝公众号"大 J 小 D"创始人

我是个内向的人,这个评价我直到 28 岁才愿意说出口,之前我都不愿意承认,因为从小到大,我身边的人,不管是有意还是无意,都在向我传递一个信息:内向是不好的,内向的孩子没出息,内向的员工不具有领导力,内向的人是要吃亏的。

于是,在很长一段时间里,我都在非常努力地让自己变成一个外向的人,但这让我活得非常别扭和不自信。即使我成绩很好,即使我已经可以自信地上台发表演讲,即使我是当年公司最有潜力的年轻经理,但是在骨子里我对自己还是不认可的。

这份不认可表现在,每当我受到表扬时,我的第一反应就是否认和拒绝,因为我觉得自己性格不好,这是我的致命伤。记得有一次,我和前东家的总经理闲聊,我带着羡慕的口气说,我只希望自己性格可以外向一点。

那个澳大利亚人一脸疑惑地问我:为什么要外向呢?每个人性

格不一样,才让这个世界变得有趣啊。内向和外向都有独特的优势,发挥自己的优势,正视自己的弱势,不要让弱势成为自己发展的瓶颈就好了。

那一年我25岁,这辈子我第一次听到有人和我说原来内向没有什么不好。也就是从那以后,我开始重新看待自己的性格,发现之前自己非常排斥的很多性格特点,换个角度看竟然就是我的优势,比如我爱独处,以前很怕被人说孤僻、不合群,但后来我发现,这样的独处给了我更多深入思考的机会,这也是为什么我总能透过现象看到本质。

之后,我慢慢接纳了自己的性格,同时也像我前东家的总经理所说的那样,我学习了一些社交方面的技巧,以保证自己的性格特点不会影响我的生活、工作和学习。也就是从那时开始,我发现,安静性格中蕴含的力量其实非常巨大,但与此同时,我也认识到,一个人性格内向不代表他不需要改变,让自己变得越来越好是无论哪种性格的人都需要做的,只不过我们身边有太多的人总爱把"内向"作为止步不前的借口。

后来我当了妈妈,有了一个与我同样内向的女儿,每当她害羞的时候,我就仿佛看到了自己小时候。和我的父母不同的是,我从没和她说过性格内向是不好的,每次她低头害羞时,我都会告诉她,妈妈小时候也是这样的。然后我会问她,你想不想试试看,我们可以提前做些准备,让你也能做得和别人一样好。

每当我说完这些话,总能看到女儿低垂的眼睛又抬了起来,里面闪烁着光芒,然后她会坚定地对我说:"嗯!"随后给我一个大大的拥抱。过去的 4 年里，我教给了女儿很宝贵的一点：接纳和珍视真实的自己。但同时我也会帮助她学会如何应对她的小世界中的人和事，在让自己舒服和不会令别人感到不快之间找到平衡。

正因为有了我女儿的例子，我想把这本《内向孩子的竞争力》推荐给大家。阅读这本书，不仅可以让父母更好地理解自己的孩子，也能让内向孩子学会使用自己安静的"超能力"。

这本书中没有说教和鸡汤，都是对生活场景实实在在、鲜活而具体的描述，沿着学校生活、家庭生活、交友交际、追寻兴趣逐步展开，有校园中的小组讨论、课堂发言，也有社交娱乐中的网络交际、发展个人兴趣爱好，还有与家人相处，等等。书中不仅写了名人的事例，还收入了作者采访过的内向孩子的例子，目的就是让读者知道，原来内向的人不止你一个。

正由于书中的例子都来源于真实生活，书中的每个场景几乎都会让读者产生"没错，这说的就是我"的感受。比如，作者谈到"结交朋友"时提出了"需要假装活泼吗？"这个问题，这样的困惑真的只有有类似亲身经历的内向者才能体会。书里用一个漫画天平非常直观地告诉大家，一个好朋友等于一群熟人。在这一章的最后，作者给出了几条有关如何安静地建立友谊的建议，比如面对陌生人有时只需要一声"你好"来"破冰"，多运用倾听的力量，学会表达自己，等等。

书中的这些话，就像一个曾经也是内向孩子的过来人在娓娓道来，处处闪着智慧的光芒。我在看这本书时，总会想起自己的小时候，想起当年自己面红耳赤、手足无措时的模样，然后总免不了感到一丝遗憾：如果彼时有人可以告诉我应该怎么办，那该多好呀！

一个人的自信，是由他一次又一次与世界互动所获得的正面体验累积而成的。内向的孩子更加需要这样的体验。而这本书可以帮助孩子在做自己的同时，掌握更多与朋友、家长交往和相处的技巧，从而获得更多美好的互动体验。

我希望，通过阅读这本书，能有更多内向的孩子可以从小就学会欣赏自己的天性，学会更多社交技巧，更加自信地面对世界。我也希望能有更多的父母可以全然接纳孩子的性格，同时学会有策略地引导孩子更好地融入这个喧闹的世界。

愿每个内向的孩子都可以被温柔地对待；

愿每个成人都可以尊重每个孩子与生俱来的个性与不同；

愿我们可以帮助孩子使用"安静的力量"，在这个世界驰骋。

导读三
自信、舒适、成功的内向人生

一爸 / 文
"一小时爸爸"公众号创始人

"内向"是一个曾经让我很纠结的词。从幼儿园到小学、中学，我一直被亲戚和老师定义成一个"内向的好学生"。和不熟的亲友聚会时最常见到的场景，就是其他小朋友疯闹成一片，而我抱着一本书坐在一个安静的角落里，一看就是大半天。

这种内向的性格可能间接成就了我当时的好学生名声，另一方面却成为我的一个心病：我看到很多性格外向的同学可以快速融入陌生环境，在社交活动中可以充满热情地迅速进入状态，而自己的内向性格则会下意识地让自己和其他人保持"疏离"状态。在内心深处，我已经不知不觉将性格内向看作自己的一个缺陷。

上大学后，包括进入社会、开始工作的这些年，在社交方面我改变了很多，但不是努力变得外向，而是更多地学会和自己的"缺点"共存。每次去国外参加研讨会，我对此都感受明显：国外的演讲者很喜欢让听众参与讨论，而比起发言，我更想安静地思考，仔细听听他人说什么。

不光是我，关于性格内向的问题，相信也是很多人的心结，毕竟从东西方交流变得密切起来，尤其是改革开放之后，关于中国人太内向、在社交中会吃亏的说法就成了主流观点，让内向的小朋友变得外向起来，也成了很多家长以及教育工作者孜孜以求的目标。

内向的人的确不那么喜欢"张扬自我"，但这未必是缺点，我身边做管理、带团队的朋友中，不管他自己是内向还是外向的，在招聘新人或提拔下属时，都不会歧视内向者，相反，大部分人更喜欢那些擅长思考、话不多但言必有中的人。

性格内向是一种缺点吗？这个问题我也一直在问自己，不过真正对其进行系统的梳理和思考，则是看了这本《内向孩子的竞争力》之后的事。

如果你家有一个性格内向的孩子，或者你觉得自己就是内向性格，你可以认真翻翻这本书，作者的很多观点都值得我们参考和学习。真正去了解什么是内向，内向的优点和缺点是什么，如何进一步发挥内向者的优势、弥补缺点，这比简单粗暴地"将内向性格训练成外向性格"要有意义得多。

书中内容涉及很多方面，限于篇幅，只说几点自己感受较深的。

1. 什么是内向。关于内向性格，我们往往有很多误解，比如认为内向就是胆小不自信，就是患有社交恐惧症，就是优柔寡断，等等。但其实并非如此，本书作者列出了一些用于判断一个人是否为内向性格的条件清单，我们可以借此大体了解什么样的性格才算内向：相比闲聊，更喜欢深谈；相比置身于人群之中，更喜欢与一两个朋友相处；不喜欢被提问或点名；会规避冲突；成为众人的焦点时，会觉得不太自在……

2. 内向和外向的区别。内向和外向并不是两个非此即彼的选项，更像是一条颜色从浅到深渐变的色带，色带的一端代表内向，一端代表外向。我们每个人都位于这条色带的一个点上，有的人更靠近代表内向的一端，有的人更靠近代表外向的一端，所以，其实我们每个人的性格中都会有一定程度的内向和一定程度的外向，区别只在于哪个多哪个少而已。

内向和外向的区别，很多时候体现在"敏感度"上，内向人群对刺激的环境（比如喧闹的场所）反应更为强烈。因此，对"麻木"的外向人群来说刺激程度刚刚好甚至还不够爽的环境，对内向者来说就会显得过于刺激。

3. 给"内向"平反。内向不等于懦弱，也不等于不自信。内向的人更习惯于深思熟虑之后再发言，也正是由于经过了充分思考，内向者表现出来的自信和感召力同样会很强大。我在生活中认识很多性格内向的人，他们平时很少在公共场合发言，但是言必有中。

我自己也是如此，在诸如研讨会等场合，我并不太喜欢参与讨论，但一旦话题涉及自己喜爱的范畴，比如科普、教育，我就像变了一个人，变得激昂热情起来。

事实上，在以外向性格为主导的西方社会，教育界也在反思目前教师过度强调参与课堂讨论的重要性的问题，有些老师也开始将"等待""思考"等概念引入课堂实践，以发挥内向学生的性格优势。

4. 内向性格需要做什么。这可能是看过这本书后读者受益最大的部分。比如对内向的学生来说，刚刚开始上课或者讨论的时候，他会比较紧张，但是随着思考的完成以及对环境的熟悉，这种紧张感就会逐渐消除。

有时候，内向者在公共场合保持沉默并非他的完美主义作祟或是他感到害怕、焦虑，而是他觉得自己还没有找到有意义的内容来说，等他们觉得有话要说的时候，自然就会开口。所以，这本书作者的建议是让内向的孩子更加注重课前预习，当他在课堂上发现要讨论的内容自己都了解，自然能更容易、更自如地发言了。

同时，对内向者来说，要学着对自己更有自信。比如，当自己不想表达、不想参与讨论的时候，可以按照自己真实的想法去做，但心里要明白，这是自己的选择，不说话并不代表自己比别人差或者知道的少。

在变得自信的同时，要寻找适合自己的方式，以更好地表达自己的需求和想法。拿我来说，我会在每次开会需要发言前，先在脑海中把需要说的事情想清楚，预先梳理整个思路，在内心"排练"多次，等到发言时就没那么紧张了。

除此之外，还可以和性格、能力互补的同学组成小组，一个团队中如果只有内向的人或者外向的人，都不算完美的团队，无论自己是内向还是外向，都应该多去接触和自己性格相异的人，大家优势互补，才是更好的组合。

其实内向也好，外向也好，都并非优点或缺点，而只是人的一个特质；不管是内向的人还是外向的人，都有自己需要克服的缺点。内向并不代表不自信，相反，如果我们错误地把内向作为一种缺点来看待，并要求孩子去克服或者改正它，这才更有可能让孩子更加"不自信"。

看完这本书，我有些感慨，为的是那些因为自己性格内向而无比纠结，甚至自我怀疑所耗费的时光。如果在求学阶段或者刚工作的时候，我能更合理地评估自己内向性格所具有的优势和劣势，不知道今天又会有怎样的收获。希望每一个内向的人，或者需要陪伴内向者一起生活、成长的人，都可以从这本书中获益，收获一个自信、舒适、成功的内向人生。

导读四
挖掘内向孩子内心的力量，是我们毕生要做的努力！

OK 妈 / 文
儿童阅读推广人
公众号"妈咪OK"创始人

在我儿子出生之前，我从没如此迫切地想要了解性格内向的人究竟是如何思考问题的，他们在表达、社交上的害羞点在哪里，他们有多么敏感。

因为，在我这个外向的人看来，性格内向并不是问题，人和人本来就是不同的嘛！我的爸爸、我的先生，甚至我生活中的好几位密友，都是内向的人，但他们都很优秀，他们内敛平和、充满见地，偶尔腼腆却十分吸引我。

但在迎来内向、慢热的儿子之后，我突然意识到，对内向性格只是认可和欣赏还远远不够，因为在养儿育女的路上，除了与他们密切配合，我们还有很重要的职责，那就是给他们必要的指引和建议。假若我不能足够了解内向孩子真实的想法以及他们会在某种情境下遭遇的困境，那我就会着急，会无所适从，会心中充满"有劲无处使"的无奈，孩子也会过得拧巴而憋屈。

我有时也很不理解，为什么我儿子会和我的性格差异如此之大，比如，同样是在5岁多的年纪，儿时的我可以大胆地上台比赛，在众人面前落落大方、绘声绘色地讲故事；但我的儿子去参加围棋比赛，一推门看到满场的小选手，知道我要离开时，会马上号啕大哭起来……

我很幸运，这个时代有很多好书，有很多心理学家、教育工作者能够告诉我，这类孩子到底是怎么想的。我在《内向孩子的竞争力》这本书里第一次了解到，外向的人通过与别人的交往来寻求刺激，只有不断地交往，他们才会持续获得能量。而内向的人倾向于通过安静的独处恢复能量，在人员聚集的地方，他们自我的能量是发散的，他们对外界刺激的敏感度更高，与人交际时，如果不是特别有意思，对他们来说，都是一种能量消耗。

自认内向的演员高圆圆曾提到，有一次在香港参加一个电影节，她站在那里不知道该说什么，也不知道该做什么，只想找一个角落躲起来，但角落里也都是人。最后她在中庭找到了一棵树，面对着树站了整整一晚。当时她想，只要树不开口说话，那个晚上就不会有人和她说话了。

这是我在过去完全没有过的体验，但眼下我却感同身受。而对内向的孩子来说，每天他们从幼儿园或者学校归来，在与人相处了漫长的一天之后，也许的确迫切需要有自己的时间与空间。他们渴望不被打扰，安静地自己待一会儿，补充一下能量，把世界的喧嚣关在外面，与自己的思想和感受相处。"妈妈，我不想说话，想一个人静静！"有几次我接儿子回家的路上，他就这么告诉我。

同样地，尽管我能理解内向的人会害羞，但看过苏珊的书后，我才了解到，对某些内向的孩子来说，被点名发言时会有"生死攸关"这样看似夸张的感受。于是我不再一味叮嘱儿子在幼儿园上课时一定要积极发言，而是试着帮他寻找释放压力的方法。

这本书除了给正在为自家内向孩子而焦虑的父母明确具体的指导方法，同样给了他们一颗强效定心丸。书里无数真实的例子告诉我们：性格内向不会影响孩子社交，不会影响他们展露才华，也不会影响他们成为优秀的领导者……我们担心的问题，书里都给出了翔实有用的回答。

而我们需要做的就是：带领他们克服腼腆。就像美国前总统罗斯福的太太说的："我想腼腆的人不会改变天性，但他们能学会如何克服腼腆。"

我很庆幸，儿子的幼儿园老师能够认真地了解每个孩子："你们家的孩子上课或者参与活动都不会马上兴奋起来，他需要观察很久，等他做好准备了、心里觉得稳妥了，才会认真参与进来！不过一旦真的动起来了，表现真的很不错！"接着她又补充说："他是一个善于思考的孩子，他说的东西总是充满创意，如果再有激情点就更棒了！"

老师和我说完，我们俩都笑了。是的，这就是我的孩子，情绪不会轻易外露。我有时候也很好奇：小小年纪的他是如何在内心感到无比开心和激动时做到不喜形于色的呢？后来看到相关研究我才找到了答案。原来，人类大脑里有一种内在的"奖赏回路"，有好事发生时，大脑会通过这一回路反复传送多巴胺，以增强大脑的兴奋度。同样是获胜，相对而言，内向的获胜者大脑中的"奖赏区域"活跃度较低，因此他们获胜时会更加冷静。

前几天先生有点担心地问我："你说，儿子要什么时候才会外向一些？怎样才能不那么慢热？"

我有点嫌弃地瞪了他一眼："你一个内向的人，还不能理解儿子吗？内向的孩子比外向的孩子更需要来自外界持续不断的鼓励。我已经做好了一生为他加油鼓劲的准备！"

"唉，那真有点累！"他叹气摇头。

我看到他愁眉苦脸的表情有点想笑："明明你自己就是这样，却不懂儿子！养孩子从来不是件容易的事，但我坚信我一定可以成功！"

最后，我想用苏珊的话做结语："不要期待孩子有什么一点就着的激情，孕育和培养激情也许是一辈子的事，但那也是值得的。"

引 言

"你怎么这么安静呢？"

朋友、老师、同事，甚至有些我不怎么认识的人，都曾这样问我。

他们大多是出于善意，想知道我这样沉默不语，是不是哪里不舒服，或者有什么心事。有些人则是出于好奇，觉得我一言不发地待着有点诡异。

这个问题，我很难确切地回答。我不说话，有时是因为我正在观察或思考着什么，有时是因为相比于说，我更愿意倾听，不过，最主要的原因可能在于：我本来就是一个相当安静的人。

在学校里，外向似乎是对一个孩子最大的肯定。课堂上，老师时常叫我发言再主动一些。舞会上，我也会和朋友到舞池里跳舞，不过，要按我的想法，能一起去谁家待着会更好。大学时，我也会参加热闹的聚会，但我始终觉得，邀上一两个好友，吃个饭、看个电影，会有意思得多。不过，我从未因此发过牢骚，因为我想，我应该去做那些事儿,因为那才是"正常"的。

与此同时,我建立了一个小而紧密的社交网。我从不介意别人是否受欢迎,因此我的朋友们个性迥异。我喜欢亲密无间的交流,所以我们的友谊建立在爱、互信和愉悦共处之上,而无关拉帮结派或者人气较量。相处时间长了,大家开始看到我的优点:他们说我的提问发人深省,思考独立辩证,遇事沉着冷静;还夸我敏于思考、善于倾听。他们也开始听我说话,他们发现,我若开口,一定是经过思考后有话要说。而在工作领域,我也渐露光芒。那些曾经让我自卑的外向者,竟然开始邀请我共事!

随着时间的推移,我意识到,其实我安静的生活态度里一直都潜藏着巨大的力量,我只是需要了解如何运用它。放眼世界,不难发现,那些伟大的创造——从苹果电脑到《帽子里的猫》——都来自内向者,安静的性情是他们的助力,而非阻力。我的部分观点收录在《内向性格的竞争力》里面,那本书多年居于《纽约时报》畅销书排行榜之中,被翻译成40种文字。成千上万的人都跟我说,这个简单的理念——安静若被善用,就能转化成力量,真真切切地改变了他们的人生。这本书对他们的触动超乎我的想象。

很快,我就开始做一些在我年少时看来不可能去做的事。我在中学时非常害怕当众发言。做读书报告的前一晚我会失眠,有一次我甚至紧张到完全无法开口。而现在,作为内向者的支持者,我出现在世界各地的屏幕上,为千千万万的听众做演讲。我所做的关于内向的演讲成了被观看次数最多的TED演讲之一,点击量达到几百万。[TED是一家专门举办会议、邀请人们分享各自创想的机构。

它名字中的三个字母分别代表 technology（技术）、entertainment（娱乐）和 design（设计）。]

受这些经历的启发，我与人合作创立了"安静的革命"——一家以鼓舞所有内向者为使命的公司。我希望内向的人能感觉到，我们无论在学校里、工作中还是社会上，都可以做我们自己。"安静的革命"倡导改变，鼓励不同的声音。这项运动是开放的，无论你是内向者还是外向者，我们都欢迎你的加入！欢迎登录 Quietrev.com 参与我们！

常有人问我，既然我现在能够自如地面对公众发言，还经常在媒体上做评论，那么我是否已经变成了外向的人呢？其实，这些年来，我并没有发生根本性的改变。有时候，我还是很腼腆，不过我喜爱这个安静、内省的自己。我已经完全接受了安静的力量，你也可以！

很多读者对我说，真希望在他们还是孩子，或他们内向的子女还是孩子的时候，就能够了解到"安静的革命"。还有一些年轻人启发了我——他们说真希望有一个适合他们年纪的《内向性格的竞争力》版本。

因此，才有了这本书。

"内向人格者"到底是什么意思？

心理学领域有个术语指代像我一样的人——内向人格者，不过它的定义并不明确。我们喜欢与人为伴，但也喜欢独处；我们或许善于交际，但也甘于寂寞；我们爱观察；比起说话，我们可能更愿意倾听。内向人格者拥有深沉的内在生命,并且他们珍视这种内在生命。

如果说,内向的人总是向内审视,那么外向的人则恰恰相反:他们从外界吸收能量,在人群中焕发活力。

即便你自己并不内向,你也一定会有几个内向的亲友。有 1/3 甚至 1/2 的人都是内向的,也就是说,你的每两三个熟人中,就有一个是内向的。[1]有时候,你一眼就能识别出我们这类人。我们往往独自蜷缩在沙发上,与书或平板电脑为伴。在热闹的聚会中,我们会与三两好友谈笑风生,而绝不会跳到桌子上尽情舞蹈。课堂上,老师一问"谁来?",我们的视线便开始躲闪——我们其实认真听着呢,可是我们只想要安静地参与,等准备好了,我们自然就会发言。

而有时候,我们又会巧妙地隐藏自己的天性。我们会毫无痕迹地融入课堂或学校餐厅,与他人有说有笑,尽管在内心深处,我们迫不及待地想要逃离喧嚣,独处一会儿。我的书面世后,我才惊奇地发现,竟然有这么多看似外向的人,包括演员、政治家、企业家和运动员,他们向我"坦白"其实他们也是内向的人!

内向的人未必害羞,区分这两种特质很重要。内向的人当然可能害羞,但外向的人同样有可能害羞。害羞行为可能只是让人看上去很内向,因为害羞的人看上去安静内敛。与内向一样,害羞的感觉也很复杂,包含很多层次。害羞可能是因为担心不被他人接纳,也可能是因为害怕犯错。在课堂上,害羞的学生不举手,也许是因为担心给出错误的答案,被人笑话。邻座的内向女生也许同样不会举手，但原因不同——或许她只是不想说，或许她只是忙于倾听和消化。与内向一样，害羞自有它的好处。研究发现，害羞的孩子往往能够交到忠诚的朋友，而且他们勤勉认真、富有同情心、创造力强。害羞和内向的人都善于倾听，正是通过倾听，我们才变得善于观察、学习和成长。

这本书兼论内向和害羞，以及二者带来的益处。我正巧既内向，又天生害羞（尽管随着年岁渐长，我变得不那么害羞了），而你可能只占其一。选读书中适合你的章节即可，其他随意。

你是内向、外向，还是中间性格？

心理学研究人的行为、大脑及其功能。当然，每个人的大脑构造不尽相同，但运行模式大同小异，所以人与人之间有诸多相似之处。20世纪著名心理学家荣格，第一次使用"内向"和"外向"描述不同的性格。荣格性格内向，他是第一个如此解释这两种性格的人：内向人格者被内在世界（即感受和思想）吸引，而外向人格者则对外在世界（即人群及其活动）充满兴趣。[2]

当然，荣格自己也承认，没有人是纯粹的内向或纯粹的外向，人们的性格都处在一个内向—外向范围之内。最好的理解方式，就是把这个性格范围想象成一把长尺，纯粹的内向是一端，而纯粹的外向是另一端。有些人会落在长尺的中点——心理学家称之为"中间性格"，但即便不是恰好位于中点的人，其实也是内向和外向的混合体。很多内向的人说，在与好友相处或者讨论有趣的话题时，他们的表现会偏于外向；而即便外向的人喜欢热闹，他们大多也需要停下来静一静。

在做进一步讨论之前，我们先来看看自己在"内外向长尺"上的位置吧。答案没有对错，你只需要根据你一贯的状态，回答"是"或"不是"。

- ○ 相比置身于人群之中，我更喜欢与一两个朋友相处。
- ○ 我更愿意把我的所思所想写下来。
- ○ 我喜欢独处。
- ○ 相比闲聊，我喜欢深谈。
- ○ 朋友们说我善于倾听。
- ○ 相比上大课，我更喜欢小型课堂。
- ○ 我会避免冲突。
- ○ 除非准备得完美，否则我不愿向人展示我的工作。
- ○ 我独立做事时状态最佳。
- ○ 上课时我不喜欢被点名提问。
- ○ 跟朋友聚会后我会感到非常疲惫，即便当时玩得很开心。
- ○ 我喜欢与少数几个亲友庆祝自己的生日，而不是举办大型聚会。
- ○ 在学校，我不介意做需要独立完成的大课题。
- ○ 我会在房间待很久。
- ○ 我通常不太敢冒险。
- ○ 我能沉浸在一个课题、一项运动、一种乐器或者一种创造性活动中，一连好几个小时都不觉得累。

- ○ 我通常想好了再发言。
- ○ 要跟不太熟悉的人交流时,我倾向于发送信息或邮件,而不是打电话。
- ○ 成为众人的焦点时,我会觉得不太自在。
- ○ 比起回答问题,我更喜欢提出问题。
- ○ 人们说我说话轻声细语,或者比较腼腆。
- ○ 如果让我二选一,我宁愿周末时无事可做,也不愿日程满满。

※ 以上性格测试是非正式的,而不是经过科学验证的。所列问题是依据现代研究者普遍认可的内向性格的特征设计的。

回答"是"越多,你就越靠近内向那一端。回答"不是"越多,你就越靠近外向那一端。"是"和"不是"差不多时,你可能就是中间性格。

无论倾向于哪一端,自在生活的秘诀都是了解自己的喜好。有些人就是天生内向,或者天生外向;性格特质,比如外向和内向,是会遗传的。不过基因不能决定一切,即便你认为自己天生如何,性格和态度也并非一成不变,假以时日,我们仍有很大的自我塑造和发展的空间。那些天生极为害羞和安静的人,大概无论如何也难以成为泰勒·斯威夫特那样的舞台巨星,但大多数人仍能有所突破,这和皮筋能拉伸(到一定程度)是一个道理。

了解自己可以轻松驾驭哪些情况,你就能获得控制感,然后你可以基于你知道的对自己有用的东西做出选择。你可以选择那些让你舒服的事情；当你有足够强烈的意愿，比如为了你在乎的某项工作或某个人时，你可以选择突破舒适区。自我突破的力量无论怎样强调都不为过，我们会在本书中不断重申这一点。周围人的认可，无论是来自网络还是现实，都会让人感觉良好，但最重要的认可源于你自己。

内向者同样很棒

　　社会常常忽略内向的人。我们崇拜能说会道和热衷于表现的人，好像他们是每一个人都应该学习的榜样。我把这种价值观称为"外向理想型"，这种观念深信每个人都应该是思维敏捷、感召力强、爱行动且不爱沉思的冒险家。这种理想化的价值取向会让人觉得，如果你不能在人群中神采飞扬，你好像就有点儿问题了。这种情况在学校尤甚，在那里，那些最健谈、最活跃的孩子往往最受欢迎，而老师们也都青睐在课堂上积极举手的学生。

　　这本书质疑的是外向理想型这种价值观，而非外向者本身。我最好的朋友朱迪，从小学起就是备受欢迎的交际达人。我亲爱的丈夫肯也是个迷人的"外向派"，他有着给大家讲不完的趣事。我爱他们的一部分原因，正是我们彼此不同，并且我们彼此欣赏。他们在我身上看到了自己没有的优点，或者自己并不突出的优点，我看他们也是一样。

　　语言无法穷尽其中的"阴阳互补"。当我们在一起时，得到的远不止彼此各部分的总和。我和丈夫喜欢用墨西哥人常说的话"juntos somos más"描述这种感觉，翻译过来就是：1加1大于2。

虽然我也喜欢外向者，但我还是想强调安静是怎么一回事，并说明安静能多么有力量。历史上很多伟大的艺术家、发明家、科学家、运动员和商业领袖都是内向者，这绝非偶然。孩提时代的甘地非常腼腆，什么都怕，尤其怕人。常常是放学铃声一响，他就赶紧从学校跑回家，以免与同学接触。然而，他在长大后，虽然天性未改，却带领印度人民走向了自由。他以和平的、非暴力不合作的方式，赢得了一次又一次战斗。[3]

NBA（美国男子职业篮球联赛）的头号得分手卡里姆·阿布杜尔-贾巴尔，曾每晚在成千上万的观众面前展现"天钩"绝技，但他并不享受这种万众瞩目的感觉。他酷爱阅读历史类书籍，自称是"碰巧会打篮球的书呆子"。闲暇时，他还喜欢写作，出版了小说和回忆录。[4]

你知道碧昂斯吗？你也许听说过她的世界巡回演出票被抢购一空，或者她在优兔上的音乐视频总点击次数超过10亿，不过，你大概不知道，这位年少出道的世界偶像说自己曾是个内向的孩子。如今，她的自信激励了世界各地的歌迷，但她安静的、爱观察的特质并没有改变。"我善于倾听，喜欢观察，有时候人们以为那是我在害羞。"她说道。[5]

天才女演员艾玛·沃森也是一个腼腆内向的人。"事实上，我真的是一个腼腆、不善交际、性格内向的人，"她说，"在一次大型派对上……我觉得太过热闹了，干脆躲进了卫生间！我需要暂停……我特别不擅长闲聊……陌生人让我感到有压力，因为我清楚他们的期待。其实在小圈子里跟朋友在一起时，我也喜欢跳舞，也挺外向。我只是在公共场合极其放不开。"[6]

米斯蒂·科普兰被称赞为"令人难以置信的芭蕾女演员"。像大多数舞蹈演员一样,她从小就开始训练,但起步远没有大多数芭蕾女演员那么早——她们往往4岁就开始了!年过13,性格腼腆的米斯蒂在中学参加了训练队的面试,她觉得自己的表现实在不出彩,尽管寡言少语,她却依然引人注意。她的力量和才华毋庸置疑,而她对复杂舞步的观察力和专注力,对于同龄的孩子来说实为难得。那一天,她被选为带领60名舞蹈队成员的队长,由此踏上了芭蕾之路。2015年,她成为美国芭蕾舞剧院有史以来第一位黑人首席女演员。[7]

阿尔伯特·爱因斯坦也是出了名的内向者。小时候,他对独立学习的偏好时不时地给他惹麻烦。16岁时,他入学考试考砸了,部分原因是他没有学完所有的科目,只专注于自己感兴趣的科目。不过后来,他学会了"动静结合"——在长时间独自工作之余,他开始参加一些小型聚会。二十几岁时,他成立了"奥林匹亚科学院",一个他与几个好朋友定期讨论问题的俱乐部,那些问题都来源于他长时间独处时的思考。26岁时,爱因斯坦颠覆了物理定律。42岁时,他获得了诺贝尔奖。[8]

在接下来的章节,你会看到一些擅长传统的内向型活动(比如写作和艺术创作)的安静的孩子,你也会看到一些内向的学生会主席、演讲冠军、运动员、演员和歌手等。这类角色似乎并不适合安静的孩子,而且我将要介绍的那些孩子往往一开始并不愿意尝试,然而他们凭着对某种工作的热情不断鞭策自我,最终取得了成功——这种心无旁骛的热情恰恰是很多内向者共有的。我希望将来（不需要立马实现），你也能发现自己的热情所在！

通过那些像你一样的年轻人的故事和经验，我将解答那些时常困扰你的问题：安静的人该如何为自己赢得一席之地？怎么能够确保自己不被忽略？没有信心开口说话时，怎样交到新朋友？

在本书中，我们将讨论内向者与身边人——朋友、家人、老师——连接的方式，讨论我们如何探寻自己的兴趣爱好，讨论我们与自己——作为独一无二的个体——连接的方式。希望通过本书，你能学会接纳和珍视真实的自己。世界需要你，并且人们表达的方式不拘一格，安静亦有渠道发声。

请将本书当作指南。它不会教你如何成为某种人，相反，它会教你如何利用你本来就拥有的美好品质和技能，然后向外看，看世界！

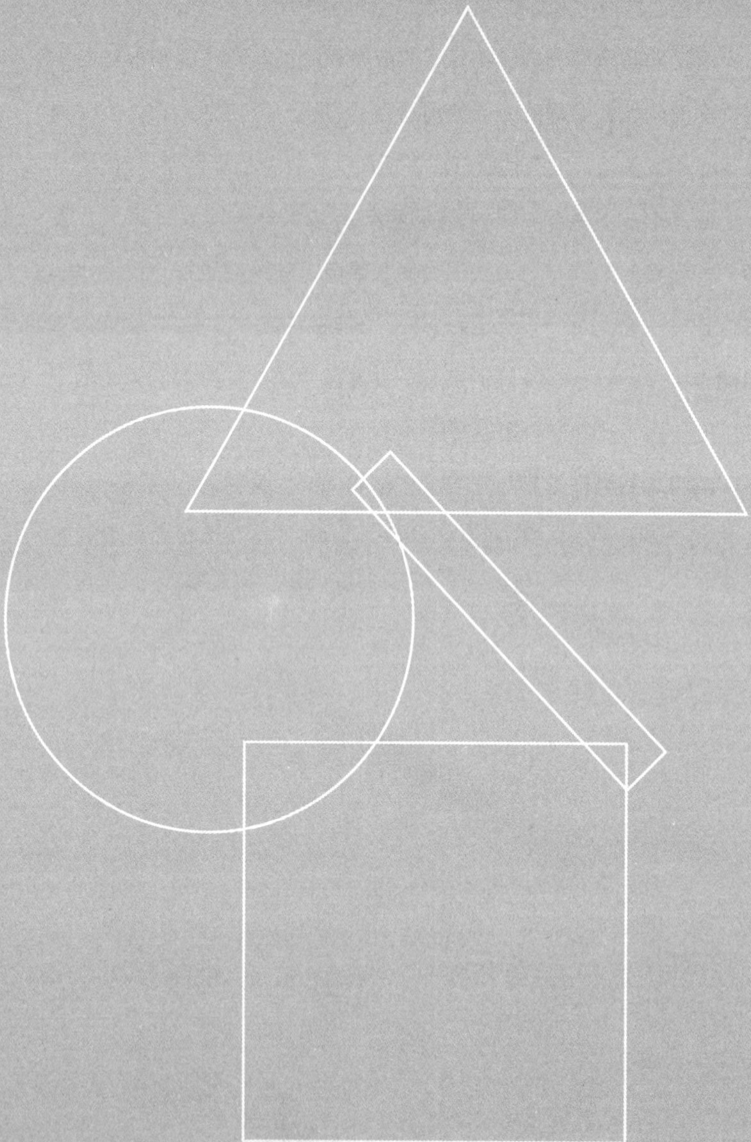

第一部分

安静地适应校园

对内向的孩子来说，适应嘈杂的校园生活颇为艰难，因为他们只有在安静的环境中才能恢复能量。如果能适当引导他们发现自身固有的"超能力"，找到自己的热情所在，并全心全意去追随，那么他们的学生时代必将安然度过，还能过得精彩！

第 1 章

踏进餐厅

追随自己的直觉，采取行动寻找平衡

9 岁时，我说服父母让我参加为期 8 周的夏令营。尽管他们心存疑虑，我却已经迫不及待了。想象自己在湖边绿荫下的帐篷里一本接一本地读小说，我觉得一定其乐无穷。

临行前，妈妈帮我收拾行李箱，在里面装满了短裤、拖鞋、泳衣、毛巾，还有……书，好多好多的书。这对我们来说很平常，在我家，阅读就是一项集体活动。每到晚上和周末，我和我的父母、兄妹都会散坐在客厅，沉浸在各自的小说里。我们不怎么交谈，每个人都在小说世界里冒险——我们在以我们的方式互相陪伴。所以，在妈妈帮我收拾那些小说时，我想象着与此类似的露营画面，不过应该会更有意思——我和我的新朋友们围坐在小屋里，10 个穿着相同睡衣的女孩，一起愉快地阅读小说。

但现实让我大吃一惊。夏令营生活原来跟我家的共读时光大相径庭。它更像是一场漫长的、刺耳的生日派对，我甚至不能打电话叫父母带我回家。

露营第一天,辅导员把我们集合起来。为了彰显露营精神,她说她将为我们唱一首营歌,以后每天我们都要一起唱。她像慢跑那样一边摆动着手臂,一边唱道:

"闹——疯——疯(rowdie),

我们这样来唱'闹哄哄'(rowdy),

闹疯疯!闹疯疯!

让我们变得闹疯疯!"

随着歌声落下,她双手高举,掌心向外,脸上挂着一个大大的笑脸。好吧,这完全不是我所期待的。来到这儿我已经很兴奋了,可为什么非得大声把兴奋唱出来呢?(还有,为什么我们非要念错字?!)我一头雾水。我勇敢地唱完了营歌,然后趁休息时抽出一本书开始阅读。

几天之后,宿舍里最酷的那个女孩问我,为什么我总在看书,为什么我这么"成熟"——成熟就是不"闹疯疯"的意思。我低头看了看手里的书,又抬头环顾四周——除了我,没有人在独自坐着看书。他们都在玩牌、笑闹,或者跟其他宿舍的孩子在草坪上追逐嬉戏。我合上书,把它连同其他书一起放回行李箱收好。把箱子塞到床底下时，我感到很内疚，仿佛那些书需要我，而我让它们失望了。

之后的整个夏天，我挤出最大的热情，每天跟着大家喊"闹疯疯"的营歌。我双臂摇摆，满面笑容，竭力表现出活泼、合群的样子。等到露营结束，我终于可以跟我的书重逢时，我感觉世界都变了。那种需要让自己变得闹哄哄的感觉让我备感压力，即便在学校，甚至在朋友身边时，这种压力依然如影随形。

小学时，同学都是我在幼儿园就认识的小伙伴。我知道自己内心羞怯，但我感觉很自在，有一年，我还参加了学校的演出。可上中学时，一切都变了。新学校里都是我不认识的新同学，我仿佛置身于一片聒噪的陌生人之海。妈妈要每天开车送我上学，因为我受不了跟一大群孩子一起坐校车。校门直到铃响才会打开，我到得早的话，就得在停车场等着。同学们三个一群两个一伙，好像都彼此熟悉、相处融洽，而对我来说，那个停车场纯粹是场噩梦。

总算等到铃响，大家蜂拥而入。过道比停车场还要混乱，孩子们横冲直撞、气势汹汹，把楼道震得咚咚响；楼梯上，男孩女孩们有说有笑。我常常遇到半生不熟的面孔，犹豫着要不要打招呼，却又总是一声不吭地就过去了。

可是，与午餐时的餐厅相比，过道简直就是美丽的梦境！高大的墙壁围成的空间中回荡着成百上千个孩子的声音！餐厅里摆满了成排的狭长餐桌，每张桌子旁都是一个小团体，而且每个人都有自己的小团体：这桌是光彩照人、颇受欢迎的女孩，那桌是爱好运动的男孩，书呆子和"怪胎"们坐在最边上那桌。在这种环境中，我几乎无法正常思考，更别说像别人那样谈笑自如了。

这一幕是否似曾相识？很多人都经历过。

来看看戴维斯，一个性格腼腆、喜欢思考的男孩，他在六年级第一天遭遇了同样的情形。作为学生几乎都是白人的学校中的少数亚裔孩子之一，他不安地意识到别人看他时异样的眼光。他紧张得简直都快忘记呼吸了，直到进入教室，大家总算渐渐安静下来，他才放松了一点儿。终于，他可以只是坐着思考了。接下来的时间里，这一模式再次循环出现：一到餐厅，他就不知所措，回到安静的教室，他才如释重负。等到下午三点半时，他已经精疲力竭。六年级的第一天，他总算熬过去了，虽然在坐校车回家的路上，还是有孩子冲他头上扔口香糖。

在他看来，第二天早晨，似乎每个人都兴高采烈地回到了学校，除了他自己。

内向者及其刺激反应

好在，事情有了转机，这是戴维斯在紧张的第一天无法想象的。关于他的故事，我会在后面接着讲。在那之前，需要谨记，其实无论他们在学校看上去多么愉快，孩子们——我的学校的和戴维斯学校的——并不都是开心的。第一天到新学校上学，无论是谁都会不适应。作为内向的人，我们对刺激的反应就意味着，像我和戴维斯这样的人的确需要做更多的适应工作。

我所说的"对刺激的反应"是什么意思呢？大多数心理学家认为，内向和外向属于塑造人类体验的最重要的性格特质——这适用于任何人，不管他们的文化背景如何或讲什么语言。这意味着内向是被研究得最多的性格特质之一，我们对其了解日益加深。比如，我们现在知道，内向者和外向者的神经系统通常有差异。相比外向者，内向者的神经系统对社交场合以及感官体验的反应更为强烈。外向者的神经系统反应没有那么强烈，这就意味着他们渴望通过接收更多的刺激，比如更强的灯光和更高的音量，来感受活力。刺激不够的话，他们可能会感到无聊烦躁。因此自然而然地，他们偏爱人多或热闹的社交场所。他们需要与人相处，从人群中获得能量。他们可能会调大话筒音量，寻求刺激的冒险，或者举起手来，冲锋在前。

而内向者对刺激性环境（比如学校餐厅）的反应更为强烈，有时甚至超级强烈。这意味着通常在比较安静的环境里，我们才能感觉到放松和精力充沛。这并不是说我们必须单独待着——也可以是和几个非常熟悉的亲友在一起，但圈子通常比较小。

在一项研究中，著名心理学家汉斯·艾森克将柠檬汁——刺激物——分别滴在外向和内向的成人的舌头上。[9]人类口腔突然接触到柠檬汁时，自然的反应就是分泌唾液以稀释酸味。所以，艾森克认为，他能根据受试者应激分泌的唾液量评估他们对刺激的敏感度——在这个实验中，就是对一滴柠檬汁的敏感度。他的猜测是，内向受试者对柠檬汁会更敏感，因而分泌的唾液会更多。他猜对了。

在另一项类似的研究中，科学家发现，那些对糖水的甜味更加敏感的婴儿更有可能成长为对喧闹派对的噪声敏感的少年。比起外向者，内向者更能感受到味道、声音和社交生活的刺激。

很多其他的实验结果也都类似。心理学家罗素·吉恩请内向和外向的受试者做题,并在做题过程中播放不同程度的背景噪声。他发现,内向受试者在噪声较小的环境中表现更好,而外向受试者则能适应较大的噪声。[10]

这就是像戴维斯这样的内向的人不喜欢周围聚集太多人的原因之一。人一多,他们就会感到手足无措。比如说,在派对上,我们内向的人也能玩得开心,但是有时候比较容易累,所以希望能早点儿离开。而在安静的环境中独处则能让我们恢复能量。这就是为什么我们喜欢一个人活动,比如读书、跑步、登山。不要相信那些所谓的内向的人不合群的说法,我们只是合群的方式有些不同。

在学校或其他任何地方,只有在最有利于我们神经系统发挥功能的环境里,我们才能自然而然地迅速成长。然而事实上,大部分校园环境都不适合内向者的神经系统。不过,一旦你开始关注身体向你发出的信号——比如感觉焦虑或茫然失措——你就拥有了一种力量。现在,你已经意识到有些事情会让你感到不舒服,那么你就知道自己需要做出改变了。你可以采取行动寻找平衡——你甚至不需要回到自己的房间"避难"。你可以聆听自己的身体发出的信号,在校园里找一处僻静的地方放松自己,比如图书馆、电脑室,或某位和善的老师的空教室。你甚至可以躲进洗手间里单独待一会儿。

戴维斯大概凭着直觉明白了这一点,所以在口香糖事件之后,他开始选择坐在校车的前排,这样就没人打扰他了。他试着屏蔽喧闹的电脑游戏声、电话铃声,以及孩子们的笑闹声。很快,他给自己找了一副耳塞,利用坐校车的时间来阅读。他埋头读完了"哈利·波特"系列,之后,开始阅读有助于自我提升的书籍,比如《杰出青少年的七个习惯》《人性的弱点》。屏蔽噪声就是他减少刺激和保持清醒的方式。

我们"应该"外向吗?

少年时期的我们面临着很多难题。生理、情绪和社交的需求都开始朝新的方向发展。它们像是被扔进了搅拌器,杂糅成全新的面貌。这让人既害怕又兴奋。在"社交之海"航行时,请记住:即便是你那些最外向的朋友,也是需要建立社交安全感的。我们都经历过少年时期的不安——即便我们有哥哥姐姐领航,或是看了很多校园电影,或是从幼儿园时就颇受欢迎。

朱利安是纽约市布鲁克林区一所高中的四年级学生[1],他富有魅力,酷爱摄影。他还记得自己当初多么沮丧,因为在他这个年纪,寡言少语就意味着无法得到其他孩子的注意。"我曾经是个怪胎,"他笑着说,"小学时期和刚上中学时,因为寡言少语,我感到很羞愧,所以我试图用其他方式引人注意,比如拽别人的衬衫、偷别人的笔等。回到家后,我总是感觉很糟。现在,我冷静下来了。我努力通过沟通交朋友,而不是惹人生气。我不再像以前那样层层设防了。"

卡琳娜同样来自布鲁克林,这个15岁的女孩个性内敛,会在被迫参加社交活动时感到焦虑。朱利安曾经"矫枉过正",卡琳娜则是困在自己的紧张情绪里,久久无法自拔。"我在与人相处时,即

---

[1] 美国高中一般是四年制。——编者注

便对方是学校的熟人,我也要小心翼翼地表现得尽量正常。我不想说错话,也很少表达自己的想法,我担心措辞不当。"

切尔西·格雷费博士是纽约的一位心理学家,她对面临类似卡琳娜的困境的人有一些建议,能够帮助他们应付这类状况。格雷费博士曾经遇到过一名既聪明又有艺术才华,但是一跟别人交流就会紧张的五年级学生。这个女孩想拓展自己的社交范围。在学校她有两个特别要好的朋友,可一离开她们她就不知所措。格雷费博士鼓励她在进入会令自己紧张的环境之前,先进行头脑风暴。"也就是做好计划,预演如何发起对话。"她说。首先,卡琳娜可以在人群中选出自己愿意接近的女孩,然后,逐个询问她们是否愿意和自己坐到一起或待会儿一起出去玩。有了这种提前计划,即使到了一个挤满人的咖啡馆,她也完全不用担心该说什么才好。

格雷费博士建议提前想好一些话题,甚至可以只是几句简单的话,比如"你周末忙什么呢?""你喜欢学校组织的这次活动吗?"等。这样一来,进入社交场合时,你就有所准备了,不至于完全无话可说。[11]

麦琪是宾夕法尼亚州的一名大学生,曾经总是把自己跟别的学生——那些活泼热情的同学、天生的领袖对比。她常常想:"为什么他们就那么受欢迎呢?其中有些人都算不上可爱啊!"有时候,他们的确非常迷人,或是擅长运动,或是特别聪明,可大多数时候,好像只是因为他们外向而已。他们想跟谁说话就能跟谁说话,或是在课堂上大声喊叫,或是举办派对。而这些都是她做不到的,因此,她有时感觉自己被忽视了,或者显得有点儿怪怪的。

"在那些爱说话或受欢迎的孩子有说有笑的时候，我就会想：'唉，我怎么就无法加入他们呢？那也没什么难的呀！我到底怎么了？'"别忘了，麦琪其实友好又有趣，她有话题可说。只是在学校里，她没有展现出这些优点，所以，她感到不被重视和不被欣赏。

　　我很高兴地告诉大家，麦琪的看法慢慢有了改变。当她发现她并不是"整个宇宙"中唯一一个内向的人时，她如释重负。"我第一次认识到这一点是我在七年级读 S. E. 辛顿的《局外人》时，"麦琪说，"那本书的第一页我记忆犹新。男主角'野小子'独自从电影院走回家，他说，有时候他喜欢'一个人待着'。那些文字让我惊喜不已，我第一次意识到，这是一种偏好，其他人也有这种感觉！"

　　前面说过，有 1/3~1/2 的人是内向的。内向不需要克服，而需要你接纳并适应，甚至需要珍惜。你越能够注意到自己的内向特质有多么特别，以及你可爱的一面是如何与你的天性紧密相关的，你就越能感到自信，并越能向生活的其他领域拓展。你不需要做你"应该"做的事情，交"应该"交的朋友；相反，你只需做你喜欢做的事情，选择那些你真心喜欢与之相处的朋友。

　　一个叫鲁比的女孩告诉我，高中时，她简直把自己扭成了一根麻花，使尽浑身解数，就是为了扮演好合群的"迎新导生"——一个在她们学校里备受重视的角色。直到她因为不够外向而被撤职，她才发现其实她更喜欢研究科学。她开始在课余时间跟着生物老师工作，后来，她在 17 岁时就发表了第一篇科研论文。她还在大学获得了生物工程学的奖学金呢！

　　正如鲁比的故事告诉我们的，有很多真正美好的事情需要我们去做，比如体贴和帮助我们的亲友。然而，也有很多事情是我们以为自己"应该"做的。在我刚升入初中时，我曾艰难地尝试去做一个外向的人——我活泼、闹腾、酷，因为我以为那是应该的。过了很久我才发现，其实做我自己就可以。毕竟，我仰视的那些人——我的偶像和榜样都是作家。我觉得他们才是真正的酷，而他们中的大多数碰巧都很内向。即便那时我还没能理解自己的神经系统，也不知道如何描述自己的个性，我最后还是开始"按需社交"。我交到了一些真正的好朋友，而且我发现，我一次只想跟其中的一两位待在一起，而不是来一场大聚会。因此我决定了，我不会广交天下好友，但我希望能交到几个真正的知己。至今，我仍旧坚持这种宁缺毋滥的原则。

学会用解释化解误会

我渐渐认识到，不仅听从自己的直觉和兴趣很重要，向他人表达自己的感受、解释自己的行为同样重要。下面这个例子你可能并不陌生：你正穿过走廊，要从一间教室走到另一间教室——你处于沉思之中，或者只是被周围的噪声和人群弄得脑袋发蒙。这时你碰到了同学或朋友，视线从他们脸上一扫而过。你完全沉浸在自己的世界里，以至于忘了停下来和他们打个招呼或聊上几句。尽管你没有无礼或冒犯的意思，但你的朋友却认为你可能遇到了什么不高兴的事儿。

要警惕类似这样的误会，并尽力解释你当时的所思所想。你外向的朋友，有时甚至是内向的朋友，可能意识不到你当时正在思考或受到了过度刺激，因此你的解释至关重要。

但即便你努力解释了，也不是每个人都能理解你的。罗比是一个来自新罕布什尔州的少年，第一次了解到内向性格时，他感到了巨大的安慰。在通常情况下，人一多他就不爱说话。此外，虽然他能跟好友自如地聊天说笑，但持续的时间也很有限。"几个小时之后我就会想：'唉，我受不了了。太令人疲惫了。'这时，我就会在心里竖起一道墙，不想跟任何人说话。这不是生理疲惫，而是心理虚脱。"

罗比试着跟一个外向的朋友解释内向和外向的区别，但是她理解不了。她在热闹、繁华的地方尤为精力充沛，所以她不明白为什么他老是需要独处。而他的另一位朋友，德鲁，则很快就理解了他的意思。德鲁是中间性格，他既不像自己的妹妹那样外向，也不像父母那样内敛。他跟罗比对中间性格讨论得越多，就越是希望人们能理解他性格里的混合倾向。

作为一名业余电影制作人，德鲁一直在尝试一种新的动画风格。他在研究了内向性格这个主题后，制作了一则公益广告，以极为生动的动画形式解读安静的意义。德鲁把它上传到优兔上面，但那仅仅是个开始。他还参与了他们学校的电视新闻制作，每周一期，面向所有学生。其中有一期，德鲁在新闻里播放了他的那则公益广告，反响超级热烈。甚至有一位伪装得很好的内向的老师都向他表达了感激之情。"我成功地让整个校园里的人对此有了新认识，"德鲁说，"连着好几个星期，人们都会过来跟我说：'嘿，那真是棒极了！'"最感激他的人，就是他的朋友罗比。

深化对内向和外向学生的不同优势和需求的理解，能让所有学校从中获益。对内向的孩子来说，中学时代最为艰难，因为当所有孩子都挤在一栋楼里时，好像获得尊重和友谊的唯一方式就是放大自己的声音和表情。然而，其实还有许多同样重要的品质，比如高度专注于话题和活动的能力，以及带着同理心和耐心倾听的能力——这两种都是内向人士的"超能力"。引导这些能力，找到你的激情所在，并全心全意地追求它们，这样，你不仅能够安然度过中学时代，还能够过得精彩。

静静地展露自我

有时候，在学校感受到压力和刺激是很自然的事，但是，你依然可以超越那些影响，保护好你内在的自我。下面是几条你可能会常常用到的小技巧。

了解自己的需求。对内向的孩子来说，校园里常见的热闹场景很令人伤脑筋。你要承认自己有时会和周围环境格格不入，但不要勉强自己改变。找个安静的场所，花点儿时间给自己"充电"。如果你更喜欢跟一两个好友相处，而不是一大群人，完全没问题！找到跟自己有相似需求的人，或者了解你需求的人，会让你放松下来。

寻找自己的圈子。也许你会发现，跟运动员、程序员或者那些与你兴趣相左却待人友善的人相处，你会特别愉快。如果列出一个话题清单更有助于你跟朋友交谈，那就去做吧。

保持沟通。确保你最要好的朋友能够理解你为什么有时候在学校想要独处或安静一会儿。跟他们聊聊内向和外向。如果他们是外向的人，问问他们需要你怎么做。

发现自己的爱好。 无论你是哪种性格，这一点都至关重要，但对内向的人来说尤为如此，因为我们很多人都喜欢把精力集中在一两件感兴趣的事情上。而且，在我们感到害怕时，做自己真正喜欢的事能让我们感到快乐，从而打起精神，战胜恐惧。恐惧是我们强大的敌人，但爱好是更为强大的朋友。

扩展你的舒适区。 我们都有一定的韧性，为了某项事业或某个热爱的课题，我们可以突破一些看似明显的局限。如果你正在尝试进入一个让你胆怯的领域——对很多人来说，演讲就是其中之一，记得要循序渐进地去做。这一点会在第13章详细讨论。

了解你的身体语言。 微笑不仅能让身边的人感到舒服，也会让你自己变得开心和自信。这是一个生物学现象：微笑会给你的身体发出"一切都好"的信息。但能带来这种效果的不仅仅是微笑：观察一下，在你感到自信和放松时，身体还会怎么做呢？比如，手臂交叉通常是紧张的反应，它会让你看上去并且感觉到很封闭。练习摆出一些不会发出"我很沮丧"的信息的姿势，那会让你感觉更好。

第 2 章
投入课堂

表达自己的需求，找到适合的发言方式

每到月底，格雷丝放学后就会怒气冲冲地撞开家门，对妈妈喊道："又来了！"每次八年级宣布"本月最佳学生"之后都会出现这个场景。这个奖项是颁给学习刻苦、行为端正、课堂参与积极的学生的，可是格雷丝觉得，这个奖项总是落到外向孩子的头上。格雷丝解释说，获奖的人都是那些上课爱举手的孩子，而格雷丝不是那样。她坐在班级的后排，参与讨论的方式就是听讲和做笔记。别的孩子只要一有机会就叽叽喳喳地发言，而她认为，他们在发言之前可能都没想好自己要说什么，好像只是想要表现而已。

老师们鼓励她多发言。和蔼的英语老师能从她的作业中看出她有自己的想法，因此常常鼓励她多在课上表达自己。"有时候她会对我说：'格雷丝，你真安静啊，能给我们读一下课文的这三段话吗？'"格雷丝会照做，尽管不太情愿。

几个月之后，格雷丝还是没能得到她认为自己应得的认可，于是决心奋力一搏。她的成绩已经够好了，也从不在课堂上捣乱。虽然她不喜欢成为焦点，但依然希望得到关注。所以，她决定什么都试一试：每当老师请同学朗读时，她就会立刻举起手来。声音紧张得发抖时，她会读完一段就停下来。读得还不错时，她就会继续读下去。课堂讨论时，她的发言也多了。

格雷丝开始留心自己的紧张模式。比如，如果老师在课上到一半儿时提问，她比较不容易紧张，因为前面已经有同学发过言了，她有机会准备自己的发言，她可以拓展前面同学的观点，或者表达不同的意见。而如果第一个被提问，她就会建议另外一位或两位同学先说——通常是某个看上去迫切想发言的孩子，这样她就能多出一点儿准备时间。

这一改变的确令人神经紧张，但它奏效了。格雷丝勉励自己多多发言，虽进展缓慢，但态度坚定。她主动朗读，不懂就问，课堂讨论时也积极参与。她并没有完全改变自己的一贯作风，这些表现只是她原有习惯的延展。不久，她就获得了"本月最佳学生"的荣誉。

对课堂参与模式的反思[12]

课堂参与的确有好处，口头表达是一种乐趣，也绝对是一项终身必备的技能。不过我认为，有些老师过于强调课堂参与的重要性了。布莱安娜来自科罗拉多州，她的老师每次课前都会给孩子们各发三根冰棒棍。上课时，他们围成一圈坐着，讨论中，孩子每完成一次发言，就可以往圈中扔一根冰棒棍，下课时，孩子们手里的棍儿不能剩下。"要是下课时你手里还有冰棒棍，你得到的分数就会很低。"布莱安娜回忆说。

布莱安娜说，这种方法非但没有激发大家讨论，反倒催生了毫无意义的喋喋不休。孩子们踊跃发言，只是为了扔掉手里的棍儿。布莱安娜也不得不随大溜，这让她很沮丧。"我不喜欢为了说而说，"她说，"有话要说时，我自然会说。可这样做的结果是，我只能什么话题都蜻蜓点水一样说一点儿，就是为了扔掉手里的冰棒棍。"

很多老师都按课堂参与情况打分，他们给勤于发言的学生打高分，不管他们是否掌握了那门课的内容。其实还有很多别的教学方法可以评估学生的"课堂投入"——比"课堂参与"更宽泛的概念，能涵盖课堂上诸多不同的互动方式。

其中，课堂分组讨论之所以可取，是因为它既能让学生彼此倾听，也能让老师观察学生的态度是否认真以及学习是否有困难。高效的课堂讨论是推动学生投入地学习的好方法，不过关键词是"投入"。一个安静的学生也许几乎没怎么说话，但他的投入度可能与积极发言的外向学生一样高。

一位名叫玛丽·巴德·罗的研究者曾经调查过一个问题：老师提出问题，再叫举手的学生回答问题，中间的时间间隔有多长？她录制了很多课堂讨论，并研究那些录像，结果发现老师们平均会等待大约一秒钟的时间来点名。[13]一秒钟！

有些教育工作者试图通过引进"思考时间"这一概念来改善课堂讨论——用罗的话来说，也叫"等待时间"。这大概是指，老师提出问题之后，允许学生用一两分钟的时间独自思考，然后再进行讨论。

类似的方法是"思考／分组／分享"，就是学生首先静静地独自思考，然后跟一个或一组同学讨论，最后才是整个班级共同讨论。这是一种逐步扩大听众规模的方法，能让你在分享时感觉更自在，也能给你时间深思熟虑。

如果你还没能遇到接受"思考时间"这类概念的老师，但你相信你的老师会乐于倾听，那么你也许可以鼓起勇气跟他聊聊，就像下面的故事中埃米莉所做的那样。[14] 英国女孩埃米莉在人多的时候会很安静，在朋友面前则很健谈，她通过我的演讲和文章了解到了本书的观点。12岁时，她的一位老师常常叫她发言，说她表现不够活跃。找老师当面解释实在太需要勇气，所以，埃米莉给他写了一张便条，说她性格内向，在课堂上发言让她非常不自在。后来，老师让她课后留下来谈谈。结果，老师说他其实也是个内向的人，他理解为什么埃米莉不愿意在课上发言，并且保证今后会给她更多参与小组活动的机会。

通过表达你的需求，就像埃米莉给老师写便条那样，你能让别人理解你。埃米莉的便条让老师理解到，她并不是对课堂不感兴趣，只是怯于在人前发言。

要求别人注意到你的腼腆或内向，这听上去有些自相矛盾，但埃米莉的故事告诉我们，你不需要独自默默承受，其他人可以想办法帮助你，让你感觉更舒服，而且，他们可能也有过类似的亲身体验。

如何自如地在课堂上发言？

尽管我希望看到学校和老师反思他们对课堂参与的认识，可我也相信，如果你能建立自信，说出自己的想法，而不是闷在心里，久而久之，你会感到更加开心。你的想法值得被聆听和欣赏。实际上，一项研究显示，在常规小组讨论中，比起外向的学生，内向学生的贡献会越来越受到重视，因为大家会发现，内向学生举手发言时，通常是有重要的话要说。

如果不愿意在课上表现，你要了解自己为什么不喜欢在课上发言，这会对你有所帮助。这种自我认识能帮助你想到对策，就像格雷丝那样，让你学会利用自己的方式分享观点。

为什么在人前发言让人感觉那么不自在呢？这是我们常常听到的理由：

我不想说错话。
我不想说没有意义的话。
我忙着听呢。
我还没想好怎么回答。
我担心自己说不出话来。
我不喜欢被别人盯着。我从来就不想成为焦点。

其中有些理由反映了社交焦虑——就是害怕在社交场合做错事情，在社交中感觉不自在。社交焦虑没什么好羞愧的，大多数人都经历过，不过有些人对此感受格外深刻。处在这种焦虑中时，要记得你不是一个人,然后鼓励自己一点一点地战胜恐惧,比如,举手回答一道你胸有成竹的问题。这样练习得越多,获得小成就的次数越多,在公共场合发言就会变得越轻松——虽然你现在也许很难相信这一点。(不过,如果你每天都深受这个问题的困扰,或是痛苦到无法做自己想做的事,那就应该考虑咨询辅导老师或心理医生了。)

与此同时,你越是愿意发言,就越能认识到,并不是只有"正确"或"完美"的回答才值得关注。以上列出的另外一些理由则与完美主义相关。完美主义是很多内向者的通病,它是一把双刃剑:它既能促成高质量的工作,也常常会让你裹足不前,因为没有人能做到完美。

但是,有时保持安静并不是因为害怕、焦虑或完美主义,很多内向者就是想等到自己有(有意义的)话要说时再说(很多人跟我说,他们希望别人也能遵循这一说话礼仪)。不同于那些想到什么就说什么的外向者,我们喜欢想好了再说。事实上,高度集中于一个主题的能力是我们的特殊才能之一。老师突然点名会让我们卡壳,因为我们还没有足够的时间做准备。通常来说,我们非常看重发言内容的充实、条理的清晰,以至于我们宁愿沉默,也不愿意随便说话。有时,等到我们想好了真正要说的,讨论已经结束了。

不论你沉默的理由是什么,在本书中,受访的学生都想到了让自己发言的办法。其中很多人说,越是大胆去做,事情就变得越容易。

让自己开口的第一步,即找到一种让自己感觉舒服的发言方式。我们采访过的一个学生说,他总是尽量坐在前排,这样一来,发言时就不会有同学回头看他了,那能让他轻松一点。另一个学生说,他喜欢坐在朋友们旁边,那会让他感到更自信。还有一些学生说,他们会看着那些友好的、给人鼓励的同学发言,而不去看那些神情冷漠、傲慢的同学。

还有一些人则会更加关注其他人的紧张。比如纽约市皇后区的16岁女孩洛拉,就发现同学们都忙着担心自己的形象,根本就没人注意到她听上去有多紧张。事实上,任何人在分享自己的观点和思考时都会感到不安,即便是那些看上去自信满满的人也会担心自己回答得不好。可以说,在这一点上,每个人都一样。

有些学生发现,在课上发言比平时的社交闲谈更容易。利亚姆[15]是来自加拿大安大略省多伦多的一名六年级学生,对他而言,在课堂上,至少他表达完自己的观点就可以了,不用跟别人互动。他解释道,自己说完之后,老师就会叫下一个人,这样他就不会像跟朋友聊天时那样,担心自己能不能跟上。

我们在本章开始时提到的女孩格雷丝,习惯在"热身"之后开始发言。这招对她很管用。而与之相反的策略——提前准备、第一个发言也许适用于你。上法学院时,这招对我就很有效。

2013年1月,我在华盛顿的一个活动上谈到了我的那本成人版《内向性格的竞争力》。在问答环节,我的老朋友安吉应邀上台。安吉和我在念哈佛大学法学院时就认识了,最近又恢复了联系。说开场白时,安吉跟观众说,我们一起求学时,她完全不知道我这么内向。

所有人,包括我,都大吃一惊。不过安吉指出,当时在课堂上,我总是第一个举手发言，所以我怎么可能是个内向的人呢？

她的困惑非常合理。在哈佛法学院时，我们都在偌大的"U"形阶梯教室里上课，授课方式被称为"苏格拉底教学法"，即教授对学生随机点名，点到谁谁就得发言。那真的挺吓人的，可如果你选了这门课，你就得准备发言。我知道课堂规则，但我还是不想冷不丁地被老师点名，所以我总是会在课前根据近期上课的材料准备一些观点。上课时，我会鼓起勇气，趁讨论还没有发散，就尽早举手发言。发言之后，教授就不太可能再点到我了（那时，我可能也说不出来了）——教授会找那些还没有发言的学生。

这一策略还有个意想不到的好处，而且社会心理学家也已经证实了，那就是，团队中最先被抛出的言论往往最受重视。所以，我发现教授在课堂上会时不时提到我的观点，让我颇有存在感，这真是出乎意料啊！

当然，我不是唯一一个使用这类技巧的人。就拿戴维斯来说，上中学时，他想都不敢想自己会在课上发言，直到他的成绩单上出现第一个 B。他的英语老师解释说，课堂参与也是总评分的一部分，因为戴维斯从不举手发言，所以就算他笔试成绩再好，也不能得 A。"二选一，"戴维斯说，"要么得 B，要么举手。"戴维斯对学业的骄傲不允许他妥协，于是他逼着自己上课举手朗读课文。他说："一开始我紧张极了，担心自己会结巴或读错，我甚至能感觉到额头上流下来的汗，但我不准自己把手放下。"通过这类勇敢尝试，戴维斯逐渐摆脱了紧张感，我们在后面还会提到戴维斯的技巧。

有些读者或许会觉得，对在课上发言的胆怯感是无法克服的。

但其实你完全可以！而且你会发现，那比你想象的要容易。利亚姆，就是多伦多的那名六年级学生，说他现在已经能够自如发言了，甚至开始盼望着发言呢！

相信我，你也能做到！

缓解发言焦虑的对策

举手时会心跳加快是很正常的，很多人都这样。为了畅所欲言，付出这一代价完全值得。如果你没有时间看这一章前面的内容，下面这一份便捷的对策清单，可以帮助你缓解焦虑。

先发制人。如果事先知道讨论的话题，就预先准备一下发言。准备好自己的观点后，在课堂讨论发散之前举手发言。

认清自己的最佳"登场时机"。什么时候参与讨论会让你感觉最舒服？找出对策，让自己以最轻松的状态参与讨论。比如，也许你喜欢拓展别人的观点，而不是第一个发言；也许你喜欢提出问题引人思考，或者跟大家唱反调。选择一个让自己舒服的角色。

使用便条。如果你担心说话时忘词，就在纸上记下你的观点，必要时可参考。

课后跟进。如果你有话想说而不敢说，可以在课后给老师发邮件，这样他就会知道你在认真听讲且求知欲很强了。

观察同学。当别的同学说一些没有意义，甚至完全错误的话时，其实大家并不介意。留意这些现象，试着以友善、宽容的态度对待他人的错误以及自己的错误。你会慢慢发现，即便你回答错误，或者声音略微发抖,也没什么大不了。"就算你回答错了,老师也只不过会接着叫下一名同学。"聪明的少女安妮如是说。

自我激励。美好校园生活的秘诀就是找到自己的激情所在。这并不是说每个安静或腼腆的学生都需要成为同龄人中的领导者,或是去竞选学生会主席——绝对不是!而是你需要想想你最重要的目标是什么。课堂发言也是如此,你越是喜欢一个话题,就越愿意谈论它。

内向者的课堂表现

转移注意力

满脑子都在想

别叫我，别叫我……

畏畏缩缩

干脆消失

一厢情愿

只要我闭上眼睛，他们就看不见我……

先发制人

第 3 章
小组讨论

找准自己的角色定位，与能力互补者合作

　　内向者对小组活动的感觉经常五味杂陈。一方面，与人合作意味着压力减少，毕竟焦点被分散了；另一方面，对那些偏爱独立工作的人来说，小组活动中与人协作的需求却令人感到疲惫。

　　卡琳娜是来自布鲁克林的高中二年级学生，每次老师布置团队任务，她就暗暗叫苦。来自大家庭的卡琳娜从小就与妹妹同住一屋，她因此非常渴望有独处的时间和空间。她说，上课的好处之一，就是得以远离校园里那些社交场所，比如走廊或餐厅。待在一个理当静下来倾听的地方，真叫人放松。

　　这并不是说内向者对团队没有贡献，相反，我们往往有很好的点子，只不过我们不愿意在很多人面前呈现出来，而且有时候，那些乐于发言的孩子是如此神气，怯于发言的孩子即便想要插话也会望而却步。奥莉维亚是一名中学生，她更愿意和不太积极的学生合作。她说："我喜欢和什么都不做的孩子一组，这样我就能什么都自己干了。"

这一方法或许简单并且容易实施，不过，为什么要降低自己的水平，跟毫无挑战性的人合作呢？事实上，最棒的团队恰恰是内向者和外向者混搭的。个性不同、见解各异、相互合作，才能看得更全面。你也许会置身于很多不同的团体中（我们会在第 6 章讨论派对中的社交，在第 10 章讨论团体运动中的协作），不过学校里的小组合作或许是最具挑战性的。然而，一旦你找准自己的角色定位——既能凸显自身的强项，又能体现自己的想法，你的信心就会越来越强。不论你是团队中的安静派还是热闹派，这一章都能帮助你找到适合自己的定位。

无处不在的小组讨论

在为我的第一本书和 TED 演讲做调查期间，我走访了全国各地几十所学校，令我惊叹的是，如今竟有那么多老师经常布置小组任务。教室里的课桌被分成四五组，学生们需要彼此协作。

就拿来自科罗拉多州的布莱安娜的学校来说吧。在西班牙语课上，老师布置了一项自由度极高的小组创作任务：每个小组制作一个关于家具的视频，要求使用西班牙语，并用到最近所学的词汇。布莱安娜为她所在的小组想到一个点子：写一个剧本，大家分任旁白、导演、剪辑的角色，然后一起去类似宜家那样的家具店拍摄录像。

她觉得这个方案很合理，可是其余 5 个组员忙着争论，根本没工夫听她说。他们试图达成一致，可是每个人都各持己见，无暇听取别人的意见。结果他们决定分开行动，每个人拍摄一段，最后拼凑成篇。"那真是支离破碎，"布莱安娜说，"有些人干得多，有些人干得少，差不多一半的剪辑都是我做的，因为我不想站出来说：'不行，这个你也得做。'"

布莱安娜真希望自己能更加坚定一些。"安静的人比较容易让步……很多人会利用这一点。"她说。假如能重新完成那次小组任务，她一定会更加努力地去争取实现自己最初的方案。她真希望自己能够放慢小组第一次讨论的节奏，让每个人都能说明各自的计划和理由。大家一起讨论，行不通的就淘汰，行得通的就进一步厘清。布莱安娜承认，提出这个建议需要勇气，但是它能带来更好的最终方案。

并且，鼓起这种勇气比你想象的要容易。

叠T恤比赛的启示：安静的领导者更出色

虽然内向的人在团队活动中常常踟蹰不前，但有证据显示，他们能成为更强大的领导者，往往比外向的领导者更能创造佳绩。是的，你没看错，不仅仅是"差强人意的成绩"，而是"佳绩"。沃顿商学院的心理学家亚当·格兰特，与同事们测试了内向者和外向者在团队中的不同合作方式。他们招募了163名大学生参与实验，并将其分组，每组都有1名指定的组长和4名组员。每组都会领到一堆T恤，小组任务很简单：在10分钟之内叠T恤，叠得越多越好。

不过格兰特在实验中安排了一个小把戏，那就是每组中都有1名由演员假扮的学生，他们事先学会了一种非常高效的叠衣服方法。比赛开始时，这些人要告诉队友们自己知道一种叠衣服的好方法，问大家要不要学习。如果该组的组长偏内向，那么这一组就很可能会倾听演员的方法,而偏外向的组长们则不太能听进去。这一差别至关重要:最后,那些倾听了小窍门儿的小组叠得更快。

这一发现不仅与T恤有关。格兰特教授还研究了多家比萨连锁店的收入,发现业绩最佳的店面都是由内向老板领导外向员工。[16]

另一项知名研究出自著名商业畅销书作家吉姆·柯林斯,他研究了美国11家表现最佳的公司,发现这几家公司都由内向的CEO(首席执行官)领导——同事眼中的他们"谦虚""平易近人""说话温和""安静""腼腆"。[17]这其实不足为奇。当内向者确实对团队有所贡献时,他们往往会充当团队领导的角色,而他们一旦上任,就会认真听取团队成员的意见。所有这些特点,让他们比那些因能说会道或者能掌控全局而高升的人有着更大的优势。

来看看卡琳娜的故事吧。

高一时,卡琳娜的英语老师把全班分成几个小组,请大家就一部历史小说做一份PPT报告。布置任务时,卡琳娜其实已经读完并读懂那部小说了。说她是个"书虫"都有点儿小看她了,实际上,学校推荐的阅读书单里的书,她早已如饥似渴地读完,还找了很多科幻和奇幻小说来看。尽管如此,她却不大愿意和别人讨论自己的感想,也不太情愿和同学做团队合作。

老师分组时,卡琳娜惊讶地发现她和三个跟她一样内向的同学分在了一组。他们的第一次讨论频繁陷入沉默,好像大家都在等着谁来指挥。终于,卡琳娜鼓起勇气开口了——毕竟,她读过这本书,也知道书中对意象和场景的运用。"分享完我的观点之后,我问他们:'大家同意吗?你们想怎么做?'"事实证明,通过鼓励大家开口而不是独占风头,每个人都得以畅所欲言,各抒己见。"当彼此倾听时,我们好像感受到了对方的支持。"她说。

那次经历让卡琳娜看到,其实自己也能在人前发言,自己的意见也有人倾听,之后的小组活动她就不那么紧张了。"我从未带头做过小组活动,不过那次一切都进展得很顺利,我们都知道自己在做什么——而且,"她笑着补充道,"看到自己竟然也能做点儿什么,那感觉好极了。"

利亚姆是多伦多的六年级学生,他也找到了能让自己参与小组活动的方法——他说服老师,允许学生自由选择队友。这样,利亚姆就能选择那些知识和技能彼此互补的朋友跟自己搭伴儿。比如有一次,他们班的小组任务是做关于气候变化的海报。利亚姆、他最好的朋友艾略特和另一个朋友梅雷迪思决定做一张电子海报,利用 Photoshop 软件做出四季差异。"艾略特知道怎样用图片和要点让海报既好看又好懂;梅雷迪思非常聪明,有着丰富的科学知识;我呢,熟悉 Photoshop 和电脑。所以我想我们仨一起做准能行。"因为选择了志趣相投、各有所长的小组成员,艾略特、利亚姆和梅雷迪思取得了让他们真心骄傲的成绩。

善于观察的副主编

在欧美文化中,倾听能力似乎不是什么典型的领导才能,但是,听取他人意见的能力实在不应被轻视。

接下来让我们来看看安静的英国少女露西如何运用这种能力为自己赢得领导地位吧。

随着从初中过渡到高中,露西开始认识到,性格内向的自己具有一些独特的能力,并且她充分接纳了自己安静的天性。她加入了校园杂志社,很快就被任命为副主编,负责校对、遴选稿件和催稿等。大多数时候,露西都能独自完成工作,即便需要给作者发送文章反馈,或者提醒学生交稿时间,她也能通过电子邮件来交流。这项工作对她来说合适极了。

有时,她也要跟其他编辑开一些"头脑风暴"会议,不过他们都是朋友,所以她还能自如发言,但一旦开全员会议,她就沉默了。在全员会议上,所有作者、摄影师、编辑和设计师都围桌而坐,发表意见。跟那些编辑部内部的小型会议相比,全员会议简直大得吓人。

即便露西说得不多,她也绝对不是心不在焉。前面说过,内向的人通常善于观察,露西也不例外。露西不仅听得仔细,还看得明白,她观察每一个人,研究他们的反应。一次在开策划讨论会时,她注意到了一个矛盾之处。此前,全员都一致同意,第一期杂志封面应该是拼贴的"剪贴簿"风格或类似Tumblr[①]的轻博客风格,可是当美术设计师在会议上展示她做的封面时,露西一眼就看出它偏离了议定的设计方向——图片太少,字体太正式。而在会议上,大家却对这个设计交口称赞。露西环顾一圈,发现大家的表情或许更诚实:他们其实并不满意,只是不敢直言或者不好意思挑剔。

会后,露西找到执行编辑讨论这件事儿。事实证明,她的直觉

---

① 目前全球最大的轻博客网站,采用一种介于传统博客和微博之间的全新媒体形态,广受年轻人欢迎。——编者注

完全正确，大家对封面设计并不满意，只是不知道怎么表达才能不伤和气。露西想出了一个办法：她和执行编辑私底下去找美术设计师谈谈，给出一些建设性的反馈意见，委婉地建议设计师调整设计方向。最终，设计师采纳了这些建议，第一期杂志的封面大获成功，深受全校师生欢迎。

在团队中成长

我依然喜欢独自工作，毕竟独处是写作的一部分，可即便如此我也相信：在团队中与人协作是一项必备技能。而且，开展"安静的革命"项目之后，团队工作已经在我的生活中占据了越来越重要的位置。

多年来，我都在学习如何在团队中获得成功。我希望你也能同样成功，甚至乐在其中。下面是一些有益的提示。

安静，不等于沉默。 你不需要说服所有人，或者一有机会就说话，但一定要以某种（自己接受的）方式表达你的想法。你可以选择团队中的关键人物进行一对一的谈话（在会议之前，这种交谈特别有效）；或者尝试以书面沟通代替人前讲话——通过群发邮件或信息来分享自己的想法，这样能免去现场斟词酌句的压力。有些老师还会搭建一些网络平台供学生们讨论问题、给出反馈、公布结果等（如果没有这类平台，可以考虑向老师提出建议）。

选择合适的角色。 露西发现，自己能够为团队做的最有益的事是做笔记、做研究，以及发挥观察特长。有些人可能适合通过"唱反调",或者征询他人意见（而不必直抒己见）的方式为团队做出贡献。耐心寻找适合自己个性的角色,幕后工作和台前工作同样重要,看看电影和科技产业就知道了！

结交新伙伴。如果你发现自己跟有些人一起工作会干得更快更舒服,就尽量与他们合作。这并不是说你应该只跟朋友或那些与自己相像的人共事。尝试与不同的伙伴协作,是一种拓展社交圈的好方法,而且,说不定有些同学能激发出你果断的领导力。

提倡静思。开始任何小组讨论之前,不妨建议大家花上几分钟静下来想一想。这能帮助团队中内向和外向的成员们停下来梳理思路,并让接下来的讨论更有意义。

寻找校外团体。你可以通过参加喜欢的课外课程或工作坊锻炼与人合作的能力。做义工也是一种参与你感兴趣的项目和团体的好方法。

尝试"书面头脑风暴"。这种方法由来已久,即每个人在报事贴或者纸上写下一个想法,然后轮流将它们贴在黑板上供大家讨论。这种简单的方法让各抒己见变得更容易,因为你不必担心会被打断或被否定。

如何避免被打断。如果你觉得自己很容易被打断,试试这个方法——稍微提高声音,并举起一只手,掌心向外,以示你想继续说。这是一种礼貌的方式,意思是"走开,我还没说完呢"。

早早发言。团队讨论中,鼓励自己早点儿发言。一旦说完了,你就会感到更轻松,而且其他人也会回应你的发言,这样你就能更有存在感,也更自信。

第 4 章

参与竞选

利用自己的天然优势,努力促成改变的发生

每年,格雷丝的学校都会挑选出 25 名八年级学生,以帮助新生适应中学环境。这些学生被称为"迎新导生",格雷丝的姐姐就曾是其中一员,她那时总是滔滔不绝,说帮助新来的学生有多么了不起,多么振奋人心。六年级时,格雷丝因为太过腼腆而交不到新朋友,当时她真希望能有人为她指点迷津。现在,她相信自己可以帮到一些六年级新生了。她觉得自己能够识别出那些内向的孩子,在他们向外摸索试探时帮他们一把。她决定追随姐姐的脚步,也去申请做迎新导生。

一开始她有点儿忐忑,不过填完申请表格后,她就感觉好多了,准备好迎接挑战。申请人以 8 人为一组,参加小组面试。基于面试的表现,老师和学校行政人员会从中筛选出一拨迎新导生。格雷丝知道自己会遇到很多同年级的竞争对手,毕竟 80% 的孩子都想当迎新导生。她猜想,可能大多数被选中的都是健谈外向的学生吧。轮到她所在的组面试时,她和其他组员正在会议室外等候。正如她所想，除了一个男孩（格雷丝的同班同学，说话轻声细语），其他都是——用格雷丝的话说——"尖叫的外向派"。

在会议室里，副校长和两名老师坐在长桌一头，孩子们在另一头坐好，准备回答索引卡上的问题。有几个孩子很快就主动发言了，而格雷丝还没准备好，不过她觉得自己并不需要抢先说。在英语课上，她发现了自己在后期发言会比较自在。"我想先仔细听听，"她说，"其他人都争先恐后，但我想等安静一些再回答，等到没人说话，或者大家都说完时。"

格雷丝等自己放松下来，就开始发表见解，同时她注意到那名安静的男同学还是什么都没有说。有几次，他好像准备发言，可都被别人抢了先。格雷丝想请大家都冷静一点，不要着急，给他一次机会，可她又不是那样高调的人。于是她在讨论的空当举起手来，然后问他是否愿意说点儿什么。

"我是想说，"他答道，"可我好紧张。"

为了帮助他，格雷丝从自己手里的索引卡中选了一道题问他："如果重新上一次中学，你会做出什么改变？"男孩回答了，格雷丝也给出了回答：她坦言，她一定会努力结识更多人，而不是只待在一个仅有三个朋友的小圈子里。

面试结束了，格雷丝不确定自己能否通过。她的发言能否充分向老师证明自己够格做一名迎新导生呢？几天之后，结果出炉，她入选了。不仅如此，多亏了她的帮助，那个安静的男孩也一同入选了。通过帮助他人，格雷丝展示了真正的领导风范。

何为领导者？

我在走访美国各式各样公立和私立学校时，发现了两种不良趋势：第一，很多教育工作者似乎都认为领导力是每一个学生都应具备的重要素质，即便很多学生其实更喜欢独立工作，规划自己的成长路径；第二，有意无意地，领导力常常被定义为"外向力"，那些具备所谓领导技能的年轻人往往都心直口快。而那些安静的孩子即便想在小组课题或是学生会中担任领导，也只会承担一些次要的工作，比如做会议记录，或是充当助理。

事实上，当领导并不需要极强的社交能力或舞台表演欲。我认为是时候关注安静型领导的内在力量了。最为高效的领导不是被掌控欲或舞台欲驱动的。相反，他们只是想要推广新的理念和看待世界的新方式，或者改善某些人群的生活境况。而怀揣这些愿望的人，并不分外向和内向。你不必改变自己沉静的风格就可以达成这些目标——激励人心，引人思考。

在体育界、商界和校园里，领导力的表现形式各异。那些喧闹、大胆且受欢迎的孩子通常最引人注目，可是，不要被表面现象蒙蔽！世界上一些顶尖的领导者，恰恰是安静的人。想想艾琳·费雪，那位腼腆、内向、极为成功的服装设计师和公司负责人。费雪的内向性格启发了她的创造性作品——她说她学会了设计让自己的皮肤感到舒适的衣服。[18]

作为一位内向型领导者，费雪打造的企业声誉颇高。比尔·盖茨也自称内向，这位天才将微软打造成全球最强大、最赚钱的企业之一，而且自从他创办了盖茨基金会，微软就成为世界上最具创新性的慈善组织之一。(他还说我的 TED 演讲是他的最爱之一!)另一位著名的内向人士是亿万富翁兼投资人沃伦·巴菲特。因为沉静善思,巴菲特备受尊重。他善于与人合作,且常常一连好几个小时伏案研究金融文件,这些都被传为佳话。连玛莎·米诺,哈佛法学院——一个特别强调课堂讨论的重要性的地方——的院长,也说自己是个顽固的内向派。

学会如何克服腼腆

美国历史上最为激励人心和久负盛名的内向型领导者之一,就是埃莉诺·罗斯福。埃莉诺小时候极为腼腆谨慎,她甚至为自己的长相和安静的秉性羞愧不已。她的母亲,一位美丽的上流社会贵族,曾给她取了个外号叫"奶奶",因为她的举止实在是太像老太太了!在她跟富兰克林·德拉诺·罗斯福——一位大有前途的政治家也是她的远房表亲结婚时,罗斯福的亲友都表示,埃莉诺不是他的良伴,他该找个性情开朗、言谈机智的妻子。恰恰相反,埃莉诺很少笑,不爱闲聊,严肃认真又胆小害羞。还有,她极其聪明。

1921 年,富兰克林·罗斯福患上了脊髓灰质炎,这是个沉重的打击,但在他治疗恢复期间,埃莉诺帮助丈夫继续与民主党内保持密切联系,甚至同意在一个募捐宴会上发言。埃莉诺怕极了在公众场合发言,当然也不太擅长——她的声音太尖,又总是因为紧张而笑得不合时宜。不过为了那次发言,她不断练习,最后还是顺利完成了演讲。

在那之后,埃莉诺依然不自信,不过她开始着手解决自己看到的社会问题，为争取民权、女权和移民权而努力。1928 年，富兰克林·罗斯福当选纽约州州长时，埃莉诺已是民主党州委会妇女部负责人，是美国政界最有影响力的人物之一。

1933 年，富兰克林·罗斯福当选总统。那正是经济大萧条最严重之时，埃莉诺遍访全国，听百姓诉说他们的不幸遭遇。回到家里，她会将所见所闻告诉罗斯福，敦促他去改善境况。她为阿巴拉契亚地区食不果腹的矿工们整合了一系列政府项目。她还强烈要求富兰克林·罗斯福把妇女和黑人纳入他的就业计划中。

那个曾经害怕公众演讲的腼腆女人开始热爱公众生活。埃莉诺·罗斯福在诸多方面开第一夫人之先河：第一个召开新闻发布会，第一个在国家大会上发言，第一个撰写报纸专栏，以及第一个参加电台访谈。在她职业生涯的后期，她还成为美国驻联合国代表，利用自己独特的政治才能和异乎寻常的坚定信念，促成了《世界人权宣言》的通过。

埃莉诺从未真正摆脱安静柔弱的天性，一生都承受着她所谓的"格丽塞尔达情绪"（格丽塞尔达是中世纪传说中的公主，惯于离群索居、归于寂静）带来的痛楚，苦苦修炼一层"犀牛皮那么厚的外壳"。她说："我想，那些腼腆的人不会改变天性，但他们能学会如何克服腼腆。"[19] 正是由于这种敏感，她才更容易理解那些受压迫的人，并为其辩护。

即便不擅长社交，也可以当学生会主席

第 1 章里提到的害羞男孩戴维斯，就效法了这些安静型领导者。

尽管刚上中学时,他感到无所适从,不过他还是找到了一种方式平衡独处与共处——一个人待够了,就参加中学数学竞赛队。因为能持久专注地钻研问题,所以他在竞赛中屡次获奖。除了耐心,他还有很多别的优势。随着他与队友间友情的建立,他慢慢愿意打开自己,跟大家讨论团队如何合作和进步。

八年级时,戴维斯已经是一名队长。他没想到,队长这个角色激发了自己,而且自己也能胜任这一职位。他发现,内向的一大好处就是让人敏于观察。这意味着他能察觉和体会别人的感受,或者试着理解别人为什么有这些感受。当意识到整个学校亟须做出某些改变时,他决定自告奋勇,努力促成改变的发生。于是,在他的班主任询问有谁愿意加入学生会时,戴维斯深吸一口气,做了一件"反常"的事:他举手了。

第一次会议上,显而易见,学生会的大部分孩子都很受欢迎。他们围着桌子谈笑自如,看上去完全适应了这个团体。

戴维斯隐隐有些后悔,因为整个会议室里,他只认识一个人,那就是他的表妹杰西卡——七年级学生杰西卡是啦啦队的活跃分子。

杰西卡比学校里的任何人都要了解戴维斯。两家人每到周末都会聚餐。她深知,表哥虽然安静腼腆,但不甘心隐于幕后,在内心深处,他还是想要有所作为,而且她相信表哥的实力。因此,在竞选学生会主席时,她让表哥尽力一试。戴维斯心想:"杰西卡不会是疯了吧。学校最受欢迎的那名女孩已经在准备竞选了,她当选可是没什么悬念的事儿。"作为一所以白人学生为主的学校中少数"有色人种学生"之一,他一直感觉自己像个局外人。就学生会竞选这件事而言,他估计大家不太可能选他——一个腼腆的越南裔美国男孩。

杰西卡听了表哥的分析,还是极力劝他。杰西卡说,最差的结果也就是落选,然后大家都会忘了你曾经参选这回事儿。最后,戴维斯总算同意了。在他准备学生会主席上任计划书时,杰西卡也忙着帮他在学校四处张贴海报。

"每个人好像都在说:'这个人是谁啊?'"戴维斯回忆道,"除了知道我是个书呆子,他们对我一无所知。"

投票之前,两名候选人在各个年级的教室发表了简短的演说。戴维斯很害怕当众发言,不过杰西卡陪伴着他,鼓励他说,其实他知道该怎么做。而戴维斯的竞争对手似乎泰然自若,她的竞选宣言很简单:承诺带给大家更多的社交活动机会,比如校园舞会、达人秀。戴维斯对校园的构想则更为具体,毕竟,过去的两年间他都在默默观察校园,注意到很多需要改善的问题。他的演讲重点谈到了如果他当选他计划怎样具体地做出改变。

就餐问题是戴维斯的关注点之一。学校规定只能同班同学坐在一起,不允许学生跟其他班级或年级的朋友换座位。戴维斯发现大部分人都对此感到沮丧,所以他提议,一旦上任,他会鼓励校长让大家自由选择座位,只要大家文明就餐即可。

戴维斯还注意到,学生们习惯在课前讨论学习问题,所以他提议建立一个"学生对学生"的教学系统,这样大家就可以实现知识互补。此外,他还谈到了别的想法。一个班一个班地演讲时,戴维斯感到很紧张,不过他还是说出了自己的想法,同学们也都认真听着。

教室演讲结束时,戴维斯和他的对手表现得都不错。这位竞争对手的演讲很有感染力,能吸引观众注意。不过随着双方演讲的进行,大家就能看出来:戴维斯的想法更成熟,也更可能成功。

竞选结果在一个周五的上午公布——那个第一天放学时被扔口香糖的安静男孩成了新的学生会主席!

戴维斯获胜了,因为他学会了善用自己天生的优势。他重实质,而非形式。他没有把精力花费在模仿那些善于社交的受欢迎的孩子上,而是集中思考如何才能成为一个优秀的候选人。他单刀直入地解决问题——他作为一位天生的观察者注意到的那些问题。他如此坚定地勇往直前,大家都看到了这一点。

善于倾听让她连任田径队队长

十几岁的时候,我从来就不是所谓的领导之材,不过我也不是追随者。尽管很腼腆,但我异常坚定地走着自己的人生之路。写作一直就是我的爱好。我本可以尝试做校报编辑,可是校报的成员队伍很庞大,要跟那么多人周旋,我简直难以想象。况且,我真正喜欢的是创意写作,而不是新闻写作。因此,我去了学校的文学杂志社做编辑,那是一家规模较小、更有个人特色的出版机构。相比新闻杂志,往文学杂志社投稿的大多是富有艺术气质的、非主流的孩子,我跟他们志趣相投。通过与这群"怪孩子"相处,我认识到其实我安安静静的也能做成事。大家思想开放,愿意倾听和理解我的想法,并接纳我的领导方式。年末时,有个男孩在我的同学录上留言，说遇到我这个值得他尊敬的领导，他满心感激！他的话让我震惊——这是我第一次发现自己是个领导。

劳丽来自纽约州韦斯特切斯特，她体格强壮、雄心勃勃。她也讲述了自己的安静型领导方式是如何培养出来的。劳丽是典型的内向性格，每次父母带她到洋基球场看棒球比赛，她都会翻开小说来看，对成千上万观众的欢呼声充耳不闻。参加集体活动时，不管怎么努力给自己"上发条"，她都没办法真正兴奋起来。劳丽性格中的这一面就像种缺陷，令她羞愧。她想做一个更加外向和合群的人。"我不想说自己内向，"她说，"我觉得'内向'是个贬义词。"

不过，劳丽知道自己性格中还有其他方面，并且相信自己是个领导者。内心深处，她知道这两方面并不矛盾。作为一个高中三年级学生，她觉得该轮到自己当田径队队长了。但当队长有个流程：每个参加选拔的学生都需要经过教练的面试，谈谈如何改善团队。

在过去的两年里，劳丽都在仔细观察整个团队，思考着如何进行改善。面试时，她提出了几个新想法。她注意到田径队不够团结。队里有80个女孩，有些彼此从不打交道，因为大家的项目各不相同，有练长跑的，有练撑竿跳高的……劳丽觉得，如果队员能感受到彼此间的支持，她们的赛场表现或许会更好。所以，劳丽的第一个建议就是让大家在各自训练之前一起做伸展热身。她还建议大家一起做核心练习或腹部练习，反正这些是每个人都需要做的。还有，劳丽虽然更喜欢小型的私密聚会，但她还是提议说，组织团队聚餐、团体社区服务活动和集体郊游能让大家走得更近。

劳丽的想法很有道理，教练一听就知道她是经过深思熟虑的。

最终，她被教练选为田径队中的一名队长，一直到毕业。她没有尝试改变自己的性格，或者勉强自己做一个高谈阔论、心直口快的队长。她首先是以身作则。除了通过集体拉伸活动带动大家，她还经常在脸书上更新团队目标。她希望每个队员都能做最好的自己。如果她的团队表现得很棒，她就鼓励大家去争取冠军。

劳丽从不带啦啦队，那不是她擅长的。她让其他队长代劳，她则负责和队友私下沟通，尤其是跟那些年纪较小的队员。她会在训练前后跟她们聊天，回答她们的问题或是回顾当天的练习。她越是了解那些女孩，了解她们的动力来源，就越能激励她们成功。比赛之前，劳丽和其他队长会召集全体队员讨论策略，从比赛前夜睡多久，到什么食物能供给更多能量。只要单个的队员胜利了，团队就胜利了；团队胜利了，作为队长的劳丽也就胜利了。

虽然劳丽不是队里最健谈的，但是她发现自己说话时，别人都会听。"跟大家走得越近，相处的时间越多，大家也就自然而然地开始尊重你这个队长和领导。当你带领大家练习时，她们会听你说，看你做。你并不需要用大喊大叫来吸引别人的注意力。"

队友们都得益于她内敛而亲和的领导风格，并对此心怀感激。劳丽连任队长四个赛季，高中四年级时，她看到了自己努力的成果：田径队连连获胜，史无前例。"田径项目大获全胜，"她说，"我们打破了多项学校纪录，两次获得联赛冠军。有史以来，学校第一次有学生因为田径成绩而被大学录取。"这当中也包括劳丽，她将进入哈佛大学继续田径生涯。显然，田径队的成功一部分要归功于这位安静型队长，因为她愿意倾听每一个队友的声音。

安静的领导者是这样炼成的

史上不乏安静而伟大的领袖带领人类前行。正如戴维斯的故事告诉我们的：即便置身于喧闹的同龄人中，你内在的安静力量也终将绽放光芒。请阅读下面的建议，并记住"二战"时期的英国首相温斯顿·丘吉尔的话："站起来说话需要勇气，坐下来倾听同样需要。"

你也在追求坐上领导者的位置吗？下面这些建议能助你启程。

用己之长。戴维斯很害怕在人前发言，不过竞选时，他一反主流的风趣合群的风格，转而集中讨论他参选的实质原因。最终，同学们更青睐他的勇气和他扎实的演讲内容，而非其对手的灿烂笑容。

追随你的热情。领导别人是桩难事，如果这件事对你没有意义，或者你对此没有目标，那就更是难上加难。因此，不论是做慈善还是体育，要挖掘你的热情，并让大家看到你的诚意。

沟通与倾听。内向的人善于与人深交，且都是伟大的听众。这两点能让你成为一个出色的领导。当别人看到你关心和在意他们的所思所感时，他们更愿意追随你。如果不擅长在人群中或舞台上交流，你可以逐步、缓慢地建立与他人的联结——一回只进行一次富有同理心的谈话。

鼓舞他人。独裁很难行得通，没有人喜欢被呼来喝去。慷慨大方的领导能确保让每个成员都有目标感——通过为团队成员安排重要角色，征求他们的意见，并采纳其中的合理意见。善于观察和倾听的你，一定能敏锐地判断出团队中哪些人适合哪些位置。

当仁不让。安静不等于软弱，也不意味着不能服众。劳丽相信自己能做领导者，所以去竞选队长，最终她向教练证明了，他们的选择是正确的。

找到榜样。无论我怎么向你保证安静型领导者也有力量，你或许都不以为然，还需要自己亲眼见证。想一想你是否认识这样一个人——不论是现实中的朋友，还是远远崇拜的某位名人——他既是出色的领导者，又与你性情相近。这就说明我所说的真实可行，你甚至可以在感到不自信时与他"神交"。

以身作则。这是领导艺术的原则之一，而且就连最为安静内向的人都不难做到。让同学们、队友们或者朋友们看到你的辛勤付出，这与激动人心的演讲同样令人感到振奋。

用什么来领导

最响亮的麦克风?

最闪亮的聚光灯?

有说服力的宣言?

最响亮的口号?

爱丽丝棒极了!

有感召力的修辞?

全新的性格?

或者,以安静的自信展现激情。

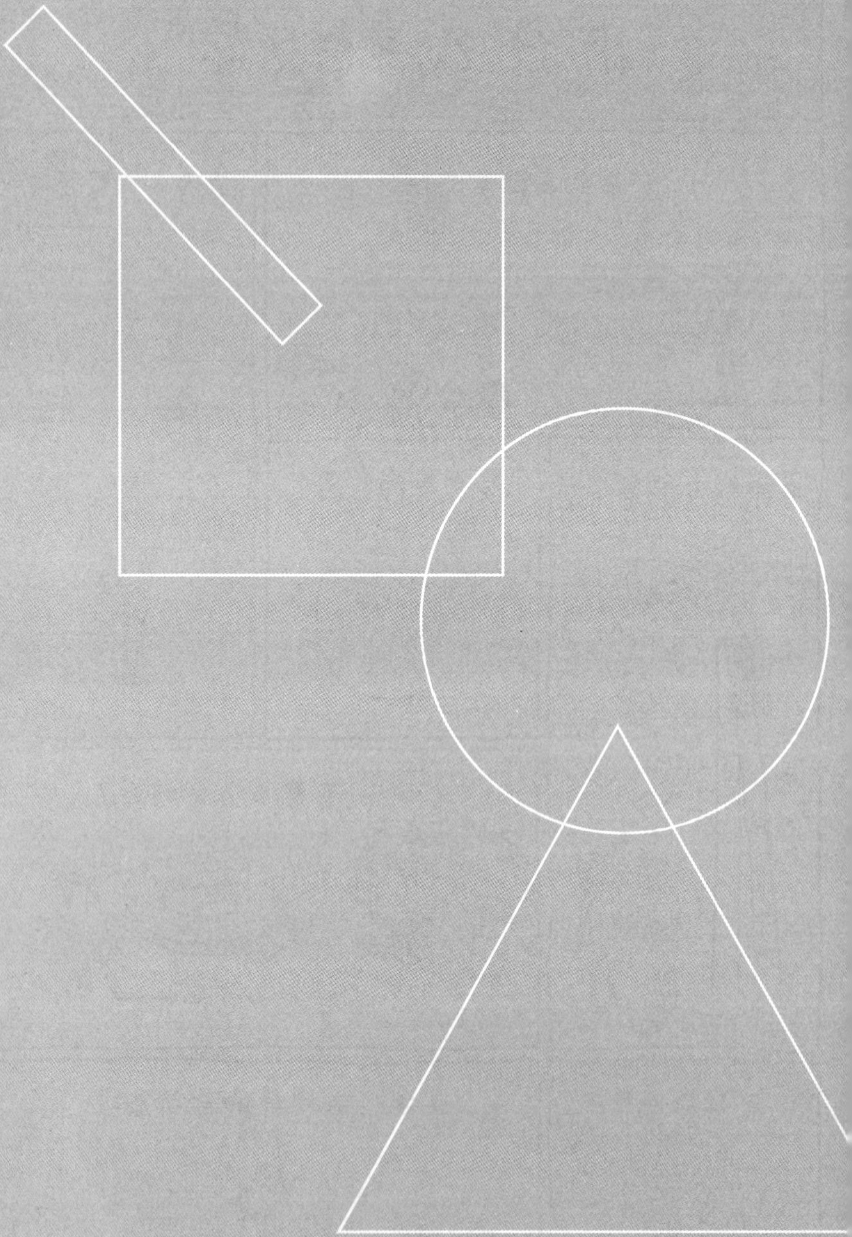

第二部分

安静地进行社交

内向的孩子会担心自己交不到朋友,因为他们更喜欢独处,而不是侃侃而谈。但他们其实自然而然地就能在让人感到放松的情况下倾听,进而揭示隐藏的精彩真相,建立真正欣赏和支持自己的社交圈。聆听内心的声音,放手去做吧!

第 5 章

结交朋友

保持开放的心态，寻找能激发真实自我的知己

我们都知道，一些健谈、有魅力的人，在面对一屋子陌生人时，只需一小时就能交到几个"知己"。这样的孩子和成人都被奉为社会楷模，仿佛每一个人都该如此。可是对许多内向者来说，与陌生人交谈是桩难事。我们通常宁可只与几个人深入交往，也不愿与一群人维持泛泛之交。

学校就好像金鱼缸——似乎你做什么都会被别人看到，被评价甚至被批评，交到让你感到开心和自在的朋友有时并不容易。来自俄亥俄州的少女盖尔是这样描述友谊的："我有三个好朋友，我跟她们亲密无间、无话不谈。虽然我也跟其他人聊天玩耍，不过我对朋友有具体的界定。所谓朋友，就是我不怕去麻烦的人，她们对我也是如此。"

朱利安和他最好的朋友安德烈并不在同一所学校，但他们无话不谈，没有秘密。一对一的交友方式正适合朱利安内向低调的性格。"有时候我们会宅在家里看一些傻傻的优兔视频，不过大多数时候

我们只是聊聊天，互相出出主意，在一起时时间总是过得飞快。我觉得他很有智慧，这样说一个年轻人可能怪怪的，不过我就是这样觉得的。"

令朱利安没有想到的是，他的好朋友安德烈还拓展了他的交友圈。一开始，朱利安不太敢见安德烈的其他朋友：万一他们不喜欢他，或是觉得他话太少怎么办？结果证明，原来他们跟安德烈一样，与他志趣相投。"我们的圈子还是很小。偶尔我们也会随着音乐跳舞，不过那跟热闹的跳舞派对还是不一样。我只跟玩得来的人玩，人少的时候只有我跟安德烈，人多的时候也只有 10 个人。"

你需要假装活泼吗？

露西，就是前面提到的那个害羞的英国女孩，艰难地努力让自己变得活泼。在学校，她和一群同样热爱阅读和生物的女孩一起玩，不过，其中有几个人跟她的性格截然相反，有时露西觉得与她们相处很困难。她们做什么都在一起，从学习到参加派对。露西虽然也会跟着去，但更喜欢大家一起在家里玩，或者跟一两个朋友一起聊聊天、做做白日梦。尽管大家性格不同，但跟她们在一起，露西很有安全感。她内向的一面是团体有益的补充，因为她时常让交流变得更深刻、更有意义。

然而露西 14 岁时，开始想有更多的时间独处，于是她开始在图书馆吃午餐。她从未把自己归为内向，甚至不知道内向是什么意思，她只是厌倦了装合群，而一个人吃午餐是种解脱。

有一天，在从图书馆走回教室的路上，她在走廊碰到了那些朋友。她们一共 9 个人，其中一个走过来沉着脸说："我们想跟你谈谈。"她把露西带到操场，大家围着她坐成一圈。

"你为什么冷落我们？"这位朋友开门见山地问道，"你一个人吃午餐，也不跟我们说话，这太不够意思了。我们在图书馆找到你时，你也很不友好。我们是你的朋友，你不能这样对我们。"

露西明白她的意思，这种认为她很无礼的抱怨并不是空穴来风：露西不喜欢读书时被打扰，所以她可能的确曾经不耐烦地打发她们走，不过她并非有意惹她们不高兴。可现在这 9 个女孩正坐在旁边瞪着她，有几个还怒气冲冲的。

"我只是想自己待会儿，"她解释说，"我不是冷落你们，要是冒犯你们了还请见谅。"

一个女孩列出一些规则，说露西要是还想跟她们玩，就得遵守规则。第一条是，露西必须跟她们一起吃午餐；第二条是，去图书馆时，露西必须告诉大家。

这件事让露西大为震惊，她意识到有些女孩并不是她真正的朋友，因为要是她不假装活泼合群，她们就做不成朋友了。而露西一直都在假装，所以当她在午餐时段开溜时，她们会感到困惑也是理所当然的。

久而久之，她跟其中的 4 个女孩渐渐疏远了，而跟剩下的 5 个女孩走得更近了。她们对她不离不弃，还有人甚至会在小组讨论时关照她。为了让别人听她发言，她们会说："露西有话想说。"她不再需要掩饰或解释，也不必伪装自己了。

找到抵抗社交压力的勇气

　　一位名叫乔治娅的内向的舞者有着更不愉快的经历——那些曾经与她以友相称的人最后跟她彻底闹翻。从幼儿园开始，别人就说她话太少了。长大后，别人还是这样评论她。乔治娅并不觉得自己腼腆或寡言少语，不过既然老师跟同学老是这么说，那么也许"话少"就是她重要的性格特点，或者说是"缺点"吧。她开始思考："是不是我有什么问题呢？"她还有很多别的特点，比如待人友善、擅长运动，可为什么大家光说她话少呢？也许她的确"缺失"了点儿什么。

　　六年级时，她跟一群相交多年的女孩拼车上学。她以前挺喜欢这群傻呵呵、性格活泼的朋友，可是上了中学之后，她们的言论变得尖刻起来。突然间，扮酷和出风头成了她们最关心的话题，这让乔治娅措手不及。女孩们批评乔治娅不入流，不懂音乐和着装。当乔治娅开始接到恶作剧电话时，她立马怀疑是她们干的。虽然她们矢口否认，但这骗不了她，乔治娅了解她们。"她们不是真正的好朋友，"乔治娅说，"可是我没有别的朋友，我不想被孤立。"

　　除了轻视和羞辱，那些女孩还说她过于安静。一次上学之前，有两个女孩故意激她，问她敢不敢尖叫。"我敢，"其中一个说，"你为什么不敢？"

　　"我不想尖叫。"乔治娅说。她们为什么非要她尖叫呢？这不明摆着要她难堪嘛！

　　这两个女孩轮流扯着嗓门尖叫，乔治娅可不愿意像她们一样。她装作饶有兴趣的样子，但实际上她只想哭！

不幸的是，在中学校园里，这种欺凌关系在女孩之间尤为普遍。这只是概括而言，并不是公开的规则。男孩通常会通过肢体冲突或竞技运动解决差异问题，他们用拳头说话或是在运动场上一较高下；女孩则多是利用人际关系进行攻击。有些女孩以"受欢迎"和"有号召力"为筹码，利用所谓的朋友关系威胁或贬低对方。作家蕾切尔·西蒙斯在她的《女孩们的地下战争》一书中，敏锐地记录了这种流弊，讲述了很多孩子深受这种欺凌之苦的事例。

当然，并不是只有女孩才会使用这种敌对手段。拉杰是一名文静的五年级男生，在得知自己晋级数学高级班时，他激动不已。拉杰酷爱数学，被高级班录取令他信心倍增。所以，当他突然说自己可能最好还是待在普通班时，他的父母感到十分震惊。

后来他们才知道，原来有几个男孩威胁拉杰说，如果他转到高级班，就不和他做朋友了。刚开始，拉杰害怕失去那些朋友，不过后来他自己想通了，做了一个不同的决定。他热爱数学，想进高级班。如果那些男孩不支持他，就说明他们不是真正的朋友。比起有一群所谓的朋友，进高级班更能增添他的自信。

对于安静的孩子——不论男孩还是女孩，"关系攻击行为"威力特别大。通常，内向的孩子担心自己交不到新朋友，所以会尽可能维系哪怕存在欺凌性的关系。他们会缩在那些粉碎自己自信的圈子里，因为他们害怕未知，宁可以"赖朋友也好过没朋友"欺骗自己。

幸运的是，也有很多年轻人鼓起勇气抵抗这种社交压力。远离那些刻薄或欺负人的朋友需要巨大的勇气，但是相信我，你可以做到。

后来，乔治娅也找到了那种勇气。一开始，她不想失去那些"朋友"，所以还是每天跟她们一起吃午餐，即便她们常常取笑她。可是六年级期末时，她觉得实在是受够了，自己已经被欺负得太久，再也不想受闷气了。她告诉父母，她不想再跟那些女孩拼车了，以后也不想跟她们保持联系。

交新朋友的过程实在令人难以忍受。整个年级好像都被分割成了诸多密不透风的小团体，她既然已经脱离原来的朋友，现在就只能孑然一身。七年级的科学课上，她被安排坐在一个叫希拉的女孩旁边。一开始因为不太熟，她们不怎么说话。直到有一天，老师不知道说了什么，希拉就开始大笑，不知怎的乔治娅也笑了起来。她们俩笑得停不下来，老师只好叫她们安静。乔治娅暗暗激动不已——这还是头一次有老师叫她安静呢！

那天之后，她们俩的交流越来越多，互相嘲笑彼此在课堂上的乱写乱画，一起做实验作业。因为希拉，乔治娅也得以结交了另外一个女孩。她们三个经常一起打篮球、打网球。她们讨论长大后想做的事情，分享自己想要帮助别人、改变世界的梦想。这些交谈有时严肃，有时傻气。

"她们不像我之前的朋友那么有人气，"乔治娅说，"不过我认识到形象不是一切，是否有人气也没那么重要。我感觉到真实的自己被接受、被欣赏，她们是我真正的朋友。"

八年级时，情况更好了。乔治娅跟新朋友的关系变得更牢固，并且还跟一些别的女孩走得很近。随着年龄的增长，她开始重新定义友谊。她认识到自己性格中安静的那一面并不必然影响自己交友。

而且，不论是在网球场还是在舞会上，事实正好相反。"安静成了一种长处，因为我能因此交到几个亲密知己，而不是一群泛泛之交，"她说，"我能跟她们交流内心深处的想法和感受。"

一个好朋友 = 一群泛泛之交

找到新朋友，可能只需要一声"你好"

如果你正为交朋友而备受煎熬，没有关系。真正的朋友来之不易，真正的朋友会支持你、珍惜你。黑利来自密歇根州，她腼腆得不敢跟人打招呼。四年级时，她决定鼓励自己多多与人打招呼——一声"你好"就行，甚至都不需要与人聊天。

然而这一小小的改变却带来大大的惊喜。刚开始，她强迫自己打招呼的对象之一是镇上新来的一个女孩。"我过去跟她打了个招呼，随后我们就交谈起来，发现彼此有很多共同之处。"那个女孩很感激她的举动,她回忆道:"她感到自己更受欢迎了,因为很少有人主动跟她打招呼。"5年后,这两个女孩还是朋友,而且在附近的寄宿学校住同一间宿舍。

戴维斯高中毕业时,很担心自己上大学后不知道怎么交朋友。他决定想个办法"打破僵局"。那个夏天,他学会了几个魔术。"我想,既然我不知道怎么接近别人,那我可以变魔术,这有助于开启话题。"他说。果然,戴维斯带着他的扑克牌来到了大学校园,并通过变魔术让很多人认识了他。他会先请别人选一张牌,然后变魔术,之后他们往往就会攀谈起来。"实际上,我借此认识了几个最要好的朋友。"他说。

这些互动增强了他的自信,不过戴维斯最终意识到:其实扑克牌就像拐杖,而他已经学会走路了。对他而言,这些小魔术就如同他八年级竞选学生会主席时他那外向的表妹杰西卡对他的鼓励。大一结束时,他就不再需要它们了。如果想认识别人,他就会走过去介绍自己。

倾听的力量

黑利和戴维斯可能都没有意识到,内向的人有一项特别有助于交友的技能:倾听。你是否曾经被"困在"某个社交场合,一点儿都不想开口说话?我就有过。闲聊有时会让人抓狂,我觉得我得绞尽脑汁,时刻准备着说点儿俏皮话。此外,我也不喜欢谈论天气或是说长道短,倒不是说那有什么不对,只是我渴望的更多。也就在那个时候,我成了一名采访人。

有很多内向者说，当想跟周围拉开距离时，他们就会在交谈时转移话题，将焦点从自身转移到别的人或事上。比如，当我特别不想说话可又不得不说时，我会开始问对方一些问题，让爱说话的人多说。没准儿你会真心喜欢听他们说话呢。他人的故事往往比你想象的精彩，而且倾听比说话更让人受益。

当然，你得注意保持平衡——你交谈的对象想要被倾听，而不是被盘问，所以不要害怕插入你自己的意见和想法。

很多记者说，他们恰恰是在这个过程中发现自己的事业方向的。艾拉·格拉斯是热门广播节目和播客《美国生活》的主持人。对他而言，主要工作就是跟人聊天。在访谈中，他会非常巧妙地让人放松，然后挖掘他们的故事、感受和信念。不过格拉斯说，他"绝对不是一个天生擅长讲故事的人"。"非要说的话，"2010 年他在美国著名网络杂志《石板书》(*Slate*) 的一次访谈中说道，"我天生擅长采访和倾听，而不是讲故事。"[20]

格拉斯或许发言不多，但他用心聆听，恰当地提问，适时补充妙趣横生的观点，这些促成了一期期精彩的节目。而这种在让人感到放松的情况下倾听，进而揭示精彩的背后故事的能力，恰恰是内向人士的"超能力"之一。

说出你真实的感想

可是有时候，一味地聆听也令人疲惫：输入的信息如此之多，而自己的声音在哪儿呢？你的想法不也同样重要吗？为什么你不是被聆听的一方呢？

你有没有听过家长教孩子"要用语言表达自己"？最近，我听到一位爸爸这样告诉他的孩子。他想要帮助儿子，但又不知道儿子为什么难过。儿子只是抽抽搭搭，始终也没有解释自己为什么哭。

没有人会读心术，尽管我们希望别人能"意会"我们的所思所想，但有时候我们还是需要"言传"更多的信息。我们要自己说出来，虽然有时候不敢，可是说明自己的所需所想会很有帮助，别人的回应多半会令你欢喜。

当你感到放松，哪怕是不那么放松时，也要利用你的语言分享自己的思想和感受。寻求关注并不是自负或自夸的表现，也不是对你内向自我的背叛。友谊本就既有付出也有收获：是花时间耐心地、用心地聆听对方，也是出于信任而诚实地表达自我。

安静地建立友谊

寻找挚友没有什么妙招。我将给你几个建议，但最重要的，是敞开心扉，开放思维。你的下一个朋友或许是角落里那个新来的文静小孩，或许是站在餐厅中央饭桌上那个受欢迎的聒噪小孩，而你——乐于与人深度交谈，且善于用心聆听的你，可能成为他们两个人可贵的朋友。

做你自己。 不要为了给别人留下好印象而伪装自己。真正的朋友欣赏的是真实的你。"不要为了交朋友而假装外向，"一个名叫拉拉的内向女孩建议道，"一个好朋友远比一堆泛泛之交要好。即便那意味着偶尔落单，也好过对别人强颜欢笑。"同时，寻找那些能激发你内在真实自我的朋友——你傻傻的一面、不羁的一面、戏剧化的一面。那样，你才能感到自己真的"回家"了。

不怕孤独。 离开那些你觉得有害的、刻薄的人或朋友。正如乔治娅学到的，维持一段伤人的欺凌关系还不如没有关系。你应该跟那些让你放松自在的人待在一起——快乐或悲伤都不必掩饰。

加入团体。 这条建议或许和安静者的直觉相抵触，但是团队、俱乐部或课外活动是结交新朋友的极好渠道，尤其是那些主题让你真心感兴趣甚至兴奋的团体。跟有共同兴趣的人相处，你就更容易给别人留下好的第一印象。"如果定期参加一门课或一个小组活动，你会更容易交到朋友，"来自加利福尼亚州的内向男孩贾里德建议说，"你们可以慢慢地了解彼此，顺其自然地成为朋友。"

从小处着手。 少年米切尔年复一年地转学，因为他的军官爸爸连年辗转各个军事基地任职。于是，米切尔不得不研究出一种交友策略。什么策略呢？那就是先交一个好朋友。一旦找到可以信任的人，且与之建立了稳定的关系，他就开始考虑扩大交际范围，结交更多的朋友。

与人合作。 少女特雷莎说，她独自交朋友时，往往举步维艰，可与她外向的朋友在一起，她就能认识很多平时没有机会认识的人。"我发现认识新人最好的办法就是跟我的朋友在一起，"她说，"这样，我不必走出自己的舒适圈就可以进行社交。"

发问。 倾听是你的"超能力"之一，所以利用它结识新朋友吧。你可以提出一些关于对方的问题，然后再跟进问题，以此显示你对对方的关注。你能很快地了解对方，此外，在他谈论自己的时候，你还可以顺便喘口气。（不过要注意，别让你们的对话变成一边倒的采访！别人也想听你说说。）

培养同理心。 谁都会有不安和尴尬的时候，连餐厅里最外向、最有魅力或最令人生畏的人也不例外。面对别人的时候也想象一下他们可能会有的感受，或许你会觉得好过一点儿。

表达自己。 记住，没有人会读心术，你最终还是需要把自己的想法说出来才能确保别人了解你的感受，而真正的朋友一定会愿意倾听。

第 6 章
参加派对

找到适合自己的方式出席大型派对，
组织更私密的小型派对

中学时，有几个朋友为我举办过惊喜派对。一连几个小时，我们畅聊、欢笑、听音乐。她们不嫌麻烦地为我庆祝生日，实在太够意思了，有她们这些朋友是我的福气。不过我还是得承认，那个晚上，有好几次我环视屋里那 6 个女孩，心里涌上来一阵失落感。别误会，我不是因为有她们这些朋友而失落，绝对不是。我只是忍不住想，怎么就这么点儿人呢？要是别的同学开惊喜派对，可能会有七八十人参加。那本该是一个特别的夜晚，可是尽管大家都尽心尽力了，我却还是觉得那是一次失败的社交。

现在回顾那个夜晚，我觉得那种担心真是多余。有些人喜欢"六人行"，有些人喜欢"六十人行"，有些人喜欢"六百人行"，这都没关系。虽然刚发现自己的社交风格时，你可能难以相信，不过相信我吧，朋友的数量并不重要，重要的是你跟他们相处得开心。

讽刺的是，要是朋友们为我举办一个热闹的派对，请七八十人挤进我的家,我可能还会反感!

当然,内向并不意味着你不喜欢或不擅长参加疯狂的派对。但正因为前面讨论过的那些因素,闹哄哄的环境容易让我们疲惫。十足的外向派能够在热闹的玩乐中吸收能量,但因为我们对刺激更为敏感,所以喧闹的派对上那些灯光、面孔、声音和震耳的音乐可能会令我们反感。这就好比每个人都有一块社交电池,可是大家耗电和充电的条件并不相同。我慢慢能够识别出自己电量耗尽的感觉,所以我知道什么时候该离开派对,什么时候该到沙发上跟密友聊天,什么时候该给电池充电。

你也可以做到。我有一个内向的朋友,每次收到派对邀请,她十有八九会接受。她虽然安静内敛,却很受欢迎,所以可想而知她收到的派对邀请非常多!她喜欢参加派对,大家也喜欢她来。通常,她待一两个小时就走,优雅地道谢和道别,然后就忙自己的去了。没有人注意,也没有人在意——她来了,大家就挺开心。

少年时期的游泳运动员珍妮(我们在第10章会看到更多她的故事),跟很多人一样,举办大型生日派对会让她备感压力。一旦朋友们都到了,她就会时不时地在洗手间待上一阵儿:她会关上门,让自己在里面静一静。片刻的安静能让她恢复能量,出去后她就能玩得更加尽兴。

你只需要找到适合自己的方式,然后,放手去做。

寻找适合自己的派对参与方式

对那些怯于参加派对的人来说,有效的参与方式其实有很多种。

就拿卡莉在初中毕业舞会上的经历来说吧。毕业舞会向来会被打造成盛大的欢聚之夜。好像嫌一整晚跟全年级的同学跳舞还不够折腾人似的，组织者还会安排其他充满压力的项目，以确保它是"最棒"的夜晚。

在卡莉的学校，毕业舞会可是件大事。全年级被分成很多个"派系"，有主持人派和啦啦队派，有打猎爱好者派，还有卡莉所在的"艺术怪胎派"（她的戏称）。卡莉和朋友们，以及各自的舞伴决定保持低调。去舞会之前，她们在卡莉家碰头，提前聚一聚。她们一起拍照，准备好外带的食物。在盛大的舞会开始之前跟自己最关心的人聚在一起，这让卡莉很安心。舞会上，尽管卡莉整晚都在跳舞，玩得很开心，但她还是更喜欢舞会结束后，跟朋友们一道在自家的厨房里一边做饭一边谈论舞会，那真是惬意极了。

前面提到过的戴维斯也对大型派对不感兴趣，不过他找到了一种调整自己的方法。初中时，他只参加那些不得不参加的大型庆祝活动。作为学生会主席，他得参加校友返校活动，不过一旦返校节的"国王"、"王后"和其他"王室成员"都到场，他的任务完成了，父母就会接他回家。戴维斯并不反感社交，事实恰好相反，只不过他清楚自己喜欢另外一种聚会。高中时，他是朋友圈里的社交积极分子，他会在周末邀请朋友们到他家，而不是去参加大型派对。戴维斯会和朋友们打游戏、玩牌，他的家成了朋友们的"据点"。

长大后，戴维斯对私密聚会的偏爱有了意想不到的效果。在大学里，每逢有人邀请他参加大型派对，他都会委婉拒绝，不过他会马上给出不同的提议，邀请对方第二天一起喝咖啡或去美术馆看最新的展览。如此一来，别人就会知道，他不感兴趣的只是派对，而不是邀请他的人。通常对方都会接受他的邀请，而且戴维斯发现，这些小规模的外出活动不仅会吸引内向的同学，就连那些热衷于参加热闹派对的外向的同学，也乐于加入这种令人放松的一对一活动——这虽然有别于他们惯常的聚会方式，却不失为一种清新的调剂。

最终，戴维斯跟很多人建立了更深的友谊，尽管他曾拒绝对方最初的邀请。他自己选择了避开那些派对，但他知道自己没有伤害任何人的感情，也不是存心得罪人。不过，他还是有一个顾虑：

"我担心如果我总是不参加派对，就没人知道我是谁了。"

这倒不是说戴维斯追求知名度，他只是不想当无名氏。不过很快，他就发现自己多虑了。大一快结束时，他和一个朋友一起穿过校园，一路上不时跟熟人打招呼。"嘿，戴维斯，"朋友说，"你知道吗，学校里一半的人你都认识。"

"怎么会？"戴维斯问道。

"刚才我们一路走过来，遇到的人有一半你都认识！"

朋友偶然间的观察在一年后得到了证实。戴维斯参加了学校的达人秀，想用他的拿手魔术给大家露几手。获胜者由观众选出，比赛结束时，戴维斯听到给他的欢呼声是最热烈的。他看向台下的500位观众，他的支持者们并不是陌生人，而是他的朋友，他真正的朋友——不是那种只在照片墙上关注他，或者在派对上对他点头打招呼的人。他曾和那些同学谈论过人生、爱情……看着观众席，他知道自己跟"无名氏"这个词一点儿也不沾边,因为观众席中有半数是他的好朋友。

选择令你感觉自在的社交生活

诺厄是路易斯安那州巴吞鲁日的一名电影制作人。从表面上看,他是位社交达人,非常擅长讲故事。他在人群中似乎总是神采飞扬。不过每隔一段时间,他就会突然特别想溜出去一个人待着。中学时,他主要的朋友都是和他一样的游戏爱好者,他们常常聚在一起打游戏,或者待在一个房间里各玩各的:有的玩 iPad,有的玩 Xbox[①],有的玩手机。可是九年级时,社交场景开始改变了,大家开始约会,朋友也好的好散的散。诺厄跟大家私下还是朋友,可是原来的圈子解散了。他开始参加一些课外活动,包括学校的网络报社和无伴奏合唱团。他在不同的活动中结识了新朋友,可是他并不觉得自己真正属于哪个团体。

"我涉足了很多社团,一副社交达人的做派:我有好友,却没有至交。派对上,看到大家联谊、坠入爱河,或者交到终生挚友,我都会感到有些不安。我记得有一次派对结束后回家时,我感觉自己好孤独,是那种夹杂着期待的孤独。好像我暗自期待着,事情会越来越好,我也会找到归属。"

我们总以为别人在社交场合的表现就是他们本来的样子——举止大方,爱开玩笑;又或许以为中学就是最适宜初恋和举办派

[①] 一款家用电视游戏机。——编者注

对的时代。事实上，一切都因人、因时而异。对很多人（比如我）来说，最好、最自在的社交时代来得要晚得多，可能是在大学，甚至更晚。学校并没有规定人们该如何拥有"正确"的社交生活，就像餐厅也没有规定大家如何选择"正确"的座位一样。你可以选择适合自己的社交生活，即便它与电影电视里的"典型范例"相差甚远。

劳丽的社交生活也不在那种躁动的派对里。大型聚会对她没有吸引力，所以她开始张罗一些小型活动——绘画派对。她最喜欢的社交时光就是在绘画课上。班里只有7个女生，相比标准班的拥挤和竞争，绘画班美好而放松。刚开学时，绘画班上大部分学生还互不相识，不过慢慢地，大家越走越近。一个晚上，劳丽跟班上的一个好朋友决定一起画画，很快，其他几个女生也加入了她们——这就是她们的绘画派对。最终，这类派对变成了每周的例行活动。

她们通常晚上7点钟碰头，一直画到半夜。有时她们会一起做课堂作业，不过作业并不是派对的全部。"我们放着音乐，"劳丽回忆道，"吃好多东西，一起畅聊。有时候我们也会转移主题，不画画，光是吃东西聊生活。"后来，绘画班的女孩们成了她最亲密的朋友。

远离不安全的放松方法

如果你实在害怕某个社交活动，不妨躲开它。这种情况常有。像橡皮筋一样伸展自我固然重要，但也要记住，我们都有自己的承受极限，要保护好自己。不幸的是，有些人在派对上染上了依赖酒精或大麻放松自我的不良嗜好。彼得是俄亥俄州欧柏林的一名大学生，派对上，他避开人群的方式竟然是借抽烟来透气。如果你发现自己需要依赖药物或喝酒才能以某种方式行事，请一定跟一位值得信任的成人谈谈。有很多安全的方法可以帮助你放松。

　　酒精和大麻是镇静剂，也就是说，它们产生的快感能冲淡沮丧和焦虑。我并不想说教，但这是事实：这些办法不仅不健康，而且效力短暂。快感会消失，你还是会回归常态。最可持续的解决办法是学习做你自己，而且要做得越来越好——学习哪些情况让你感到舒适，以及如何在不那么理想的环境中求得舒适感。

内向者如何参加派对

　　你不是总能设计或找到自己理想的派对，有时候势必会应邀参加一些令你不自在的狂欢。不过，有办法能让那些时刻变得轻松一些，且让你从中充分受益。以下是几条建议。

　　找一个同伴。假如你不得不参加大型派对，你可以先从与同伴一起去开始。可以的话，参加派对之前先与同伴碰头。比起在疯狂拥挤的现场见面，和一两个朋友一起入场会让你过渡得较为轻松。

　　安排好"出局"。给自己设定一个合理的目标，比如一个小时，告诉你的父母或监护人你会在约定的时间给他们打电话。这样一来，如果发现自己实在应付不来，你就可以叫他们来接你。

　　从外围开始。到了之后，给自己一点儿时间来适应这种噪声和节奏。先在房间边缘待一会儿，那儿可能会稍稍安静一些。

造一个"社交泡泡"。 刚开始，尽量把社交空间压缩到小范围的朋友圈，你甚至可以只有一个聊天对象。不要去想这个"泡泡"以外的事——谁在说什么、谁在做什么，只关注你的朋友。在开展社交之前，先让自己适应环境。

休息一下，恢复活力。 当噪声和人群让你抓狂时，不妨撤到洗手间或其他安静的区域来放松和"充电"。几分钟的宁静就可能有神奇的效果。

再待一小会儿。 偶尔可以试着在想走时再多待半个小时，也许你会发现不自在感消失了，你竟然玩得很开心，还跟有趣的人侃侃而谈。

"量身定做"。 当你自己举办庆祝活动时，不要以为必须墨守成规。如果你习惯只跟三两个好友一起庆祝，那就只请他们。一个小型的私人派对没什么不好，对很多人来说，那样才更好玩儿！

制订适合你的计划。 同样地，如果你厌烦被拉去参加派对或其他人多的聚会，为什么不邀请别人做一些你想做的事儿呢？比如跟几个朋友一起吃比萨，或者去近郊骑行。你的朋友或许正巴不得改变一下活动节奏呢！

远离毒品。 你不需要借助任何物质人为地让自己放松。相信自己，远离那些危险的人或环境，照顾好自己的身体。

保持好奇心，保持同情心。 几乎所有人背后都有一个精彩的故事或是精彩的世界观。当你见到陌生人、感觉到那个令你尴尬的交谈时刻在迫近时，不妨挑战一下自己：你的任务就是，挖掘对方身上有趣的内容。你还要记住，即便是那些最圆滑或最令人生畏的人，也会有某种隐痛，这是人性的一部分。即便你无法找出每个人痛苦的来源，记住这一点也能让你在遇见别人时，保持开放和同情的心态。

如何提前离开派对

秘密通道

放出烟雾

乔装打扮

礼貌地道别

骑上皮纳塔①小马

① 皮纳塔，一种用彩色纸做成的玩具容器，可以做成各种造型。——编者注

第 7 章

网络社交

通过社交媒体跟进朋友圈，
从而在现实世界中实现更紧密的联结

想象一下：你裹着温暖的毛衣，手边放着美味的零食。也许你正在看一本妙趣横生的小说，或者追一部心爱的马拉松式的电视剧；也许你正在 Tumblr 上浏览滑稽搞笑的图片，或者正在《最终幻想》游戏里尝试通关。这是星期六的晚上，你一个人玩得很起劲儿，你只想就这样待着，直到……"叮！"手机通知铃声响了，你在照片墙关注的某个人上传了一张照片，照片上开心大笑的面孔你都熟悉，而他们好像在参加什么重要的活动。

你的心里咯噔一下：他们在做什么呢？是不是在尽情狂欢？如果是，下周一他们会不会谈论这件事呢？你还会想：为什么我不在那儿？一分钟之前你还觉得快乐逍遥，一分钟之后，你却忧心忡忡：别人都在外面尽兴玩耍，你却一个人在家里待着，这样好吗？

这是典型的"错失恐惧症"（fear of missing out, FOMO）：害怕错过了朋友圈中的什么事件。作为内向的人，我们自然而然地会被较为安静或私密的环境吸引，我们知道那些"避难所"有多么美妙,但在脸书上看到同学们成群结队开派对的照片时,我们还是会忍不住想,自己是不是错过了一些本来"应该"去做的事情。

社交媒体会强化我们对于被孤立的恐惧。即便你宁愿过一个安静的夜晚,但在网上看到别人周六晚上的动态后,你还是会质疑自己的生活方式。就拿内向的洛拉来说吧,她的很多好友在学校里都颇受欢迎。虽然她爱自己的朋友,但她常常觉得朋友们都期待她能再活跃一些——不论是在生活中还是在网络上。手机让她疲惫不堪,因为上面有短信、Snapchat(一款照片分享应用程序和推特:它们虎视眈眈,等着她去查看别人的动态,并逼迫她加入其中。

"我要是不加入她们,会觉得若有所失。她们会在照片墙上联络可爱的男孩子们,这让我有点儿嫉妒。可是我想要与人面对面地来往。这是一种奇怪的矛盾,我觉得自己很老派:我喜欢面对面跟人一起做好玩儿或怪异的事。我不知道有类似想法的人多不多。我想要这样做,(在现实中)与人接触沟通,但同时我又会觉得不开心,因为我总能看到别人在(网络上)做好玩儿的事儿。"

现在,洛拉升入高中四年级了,她不再时不时有错失恐惧了。她想通了,既然她选择做的事让自己非常开心,那就不要再为"错过"的机会后悔。事实上,她发现自己学会了在与大家"分头行动"时,利用社交媒体和朋友们保持联络。不在一起时她会与朋友发信息或视频聊天,这样她就会觉得自己还是圈内人,而非局外人。如此一来,社交媒体让她既能和朋友保持联络,又不必改变自己的内向风格。

此外,即便当她感觉错失恐惧症要卷土重来,她也有办法摆脱。"有时候当我做着自己想做的事,比如闲逛、在房间听音乐,或是滑滑板时，我就把手机调到勿扰模式，这样我就不用担心自己有错失恐惧了。"

与之相反，科尔比，一所寄宿学校的内向学生，却觉得社交媒体让他从封闭的自我中走出来。"当我在脸书上跟大家聊天时——通常是群聊商量活动计划，我会快速浏览聊天记录，跟上大家的进度，最后跟大家约定活动日期。"在脸书上，科尔比会收到一些他认为在生活中不太可能收到的活动邀请，通过那些活动，他认识了一些后来与他成为亲密朋友的人。他还能看到谁打算参与活动（他很喜欢这一点），这样他就能知道有没有朋友在那里。从这个角度而言，社交媒体真正打开了科尔比的社交生活。

享受虚拟的分享空间

诺厄也看到了照片墙、Snapchat 这类社交媒体的好处。他不仅利用它们跟进朋友圈，还会上传和分享自己喜欢的东西，尤其是电影。"我已经不在上面展示自己了，我更感兴趣的是，如何利用它们表达自己热爱的事物，"他开玩笑地补充说，"当然还包括超萌的动物照片。"

诺厄的观点很有道理。对我们这种处在"内外向光谱"上内向的一端、常常不愿置身于人群中的人来说，在网络上探索兴趣爱好可能更为容易，毕竟互联网和各种应用程序都是联结周围世界的极好途径。比如，洛拉在 Tumblr 上发表了自己的拼贴画，收到的反馈令她惊讶。在那之后，她开始与其他有抱负的年轻艺术家交流，而她们也喜欢分享自己的作品。可以说，这些来自全美各地的女孩都成了她的"笔友"——她们在网上互相交换灵感。

或许你有一种独特的兴趣,在学校或社区都无人应和,而你希望有人能教你或跟你交流;又或许学校里没有人跟你属于相同的种族或拥有相同的文化背景,而你想要跟与你有相似经历的人沟通。不少同学告诉我,他们在日常生活中备感孤独,直到在网络上找到跟自己相似的群体,才感到如释重负。这给了他们勇气,让他们敢于公开谈论自己在乎的事情,比如反对种族主义或校园霸凌。

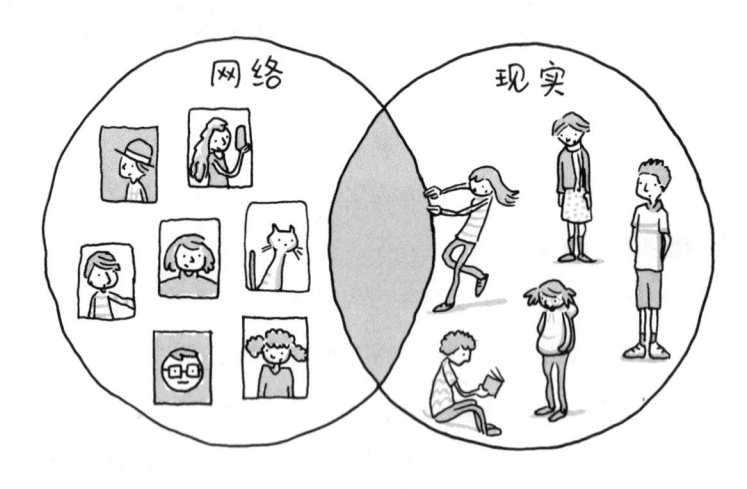

让不同的朋友圈相交

与教室不同,网络是内向者表达观点的好地方,因为他们不需要与别人竞争发言机会。而社交媒体也是寻找存在感的好地方:很多青少年告诉我,当有不安全感,或者感到不被周围人欣赏时,他们就会在脸书或照片墙上集赞来增强自信。当然,你也不能完全依赖点赞或转发的数量获得自信,不过正如诺厄所说,分享与自己有关的事情让人感觉好极了——特别是当你在现实中不敢这么做的时候。

把网友变成现实中的朋友

内向者在网络上会更加活跃吗？我们在社交媒体上会表现得更加外向吗？近几年来，心理学家试图调查人们的网络行为与现实行为的一致性。[21]在一项研究中，科学家分析了一群大学生的脸书档案和页面，他们发现，外向学生有更大的留言区、更多的照片、更多的朋友，而内向学生则通常是访客较多。换句话说，内向者和外向者在网络上也往往作风依旧。

我采访过很多内向者，他们说自己不会频繁发帖，不过会经常登录页面，和朋友聊天。虚拟网络是维持甚至增强他们现实关系的途径之一。2012年，加州大学尔湾分校的一批科学家在研究青少年网络交流时，发现了相似的规律。他们调查了126名高中生，询问他们如何通过社交媒体彼此互动，得出的结论是：对大部分孩子来说，他们线上和线下的朋友是同一拨人。[22]

诺厄或许是个例外：他在网上交到了来自世界各地的从未谋面的新朋友。"通过玩那种同时有上千人在线、每个人都有一个虚拟化身的游戏，如《无尽的任务》和《魔兽世界》，我跟很多人建立了不可思议、充满惊喜的联结。我经常受到故事或游戏中某些创意元素的触动，因而结交了新的朋友。"对诺厄来说，这些朋友比他班上的朋友更让他放松，让他没有装酷扮风趣的压力。

网络交友有好处也有坏处。研究表明，虚拟世界的友谊也许是积极的，能给人以力量，但也可能给现实中的交友造成阻碍。我们遇到了一名14岁男孩，他是某个网络（虚拟）战斗游戏小组的成员，组员们来自全美各地。尽管他说这些游戏伙伴是他最好的朋友，但他们彼此从不分享自己的故事或现实生活中的经历，他也没有跟其中任何人见面的打算，他甚至不知道有些人的真实姓名。

始终要记住，大部分人在网络上呈现的都是自己光鲜的一面，想想人们在照片墙上发布的照片吧：度假、美食或者在派对上被朋友簇拥着开怀大笑的瞬间。而那些不怎么精彩的时光呢，比如在星期天的早晨穿着睡衣吃麦片，或是一些心灵脆弱的时刻，比如感到孤独或胆怯的时候？如果仅仅通过社交媒体了解他人，你可能就看不到事实：其实他们——包括外向的人，也会像你一样感到脆弱！

儿童心理学家艾梅·雅米什建议她的来访者们彻底地检视自己的人际关系。如果你跟一个朋友总是通过网络或游戏沟通，那么这份关系就有着诸多局限性，因为"友谊"的真正含义在网络上呈现得并不完整。一段真实、成熟的关系包含私人的、社会化的双重联系，是面对面坐着吃吃聊聊才能发展出来的。雅米什建议来访者在对待网友时要像对待现实中的朋友一样：寻找那些随着时间推移可能成为真正朋友的人。不要将网络社区——不管是脸书还是网络游戏——看成独立存在的世界，而要把它们看成能帮你在现实世界中建立更紧密联结的一种方式，这样会比较好。[23]

说实话，因为网络是对所有人开放的，所以网上也充斥着很多小人、罪犯和霸凌。留心自己的网络发言，不要轻信陌生人。这一点我不会唠叨太多，因为父母和老师很有可能已经教过你了，总之，一定要确保自己知道什么信息可以在网上发布，什么信息不可以。而且要记住，你发布的照片和视频有可能在未经允许的情况下被转发。如果有些信息和照片你不希望被陌生人或某个同学看到，那就一定不要发布。无论你网上的形象多么健谈、多么自信,玩得再高兴也要注意自身安全!

好友数量意味着什么?

大家总有一种比较照片墙好友数量的冲动。我相信如果我还在上中学,这种比较也一定会让我非常不安。即便没有照片墙、Snapchat 之类的社交工具,人们也常常会纠结于自己的好友数量。在一项网络研究中,科学家采访了许多大学生,发现那些好友众多的人对自己的生活更为满意。[24] 他们相信自己有更多的社会支持,因为他们在脸书上有那么多虚拟好友。

但新罕布什尔州的少年罗比是这样看的:所谓好友人数和关注人数,只不过是校园里常见的人气比拼的虚拟版本。对于像他一样看中深度社交的人来说,这些数据毫无意义。朋友,是他可以分享自己的失败和失望的人,而不是炫耀成功、夸耀自己最会讲笑话的对象。

关于好友人数,很多给我们写信的内向孩子都和罗比的意见相同,不过他们还是很重视网络和社交软件上的交流。想想看,网络平台的确不可思议,它让那些并不习惯表达自己的人发声。中学时,罗比常常觉得自己过于沉浸在自己的世界里,或是太在意别人的评价,或是太害怕给别人讲笑话。"以前,要是跟朋友在一起时有人说了什么搞笑的话,我就想接着讲点儿好玩儿的。可是我总会在开口之前想:'这样说合适吗?会不会很奇怪?'然后就错过时机了。"

当罗比有足够的时间深思熟虑,想出一个笑话时,他就能非常搞笑,所以他会通过短信或脸书聊天巧妙地回应朋友们。在某种程度上，他很开心自己能在网络上更加外向和自信。"当你要说的话只是手机屏幕上的一串字母时，事情就变得如此简单。"他说。他可以告诉朋友们他在想什么，展示他通常很难表达出来的一面。

但罗比真正想要的是在现实生活中讲笑话——当着朋友们的面，所以他决定逐渐减少使用社交软件的时间。"以前，我总是用脸书和即时通信软件，可是如果你放任自己使用那些'拐杖'，你就只能当个'残疾人'，"他说，"我不想让别人只看见我的面具，我也不想只看见别人的面具。"

罗比下定决心，要成为那个他轻易就能在网络上伪装出来的自信又机智的自己。他加入乐队，通过在公众面前表演获得自信，这对他大有帮助。不过，他认为在超市打工对他来说也是重要的一步。升入高中四年级之前的暑假，他在当地超市找了一份收银员的工作，需要整天同顾客打交道，这锻炼了他的自信。"每天，我都要跟上百位客人说一些无关紧要的话。以前，我会因此紧张得不得了，但以后再也不会了。"对罗比来说，这次历练证明了重复练习的力量。"你无法仅仅通过意志就变得更加自信，练习很重要。"

不过，作为一位典型的内向者，罗比发现自己在频繁的互动之后会感到筋疲力尽，需要躲到自己的房间，听听音乐放松放松，当然还要看看脸书。

如何发挥社交媒体的最大功效

对社交媒体的利用，每个人的方式都不尽相同。你可能喜欢它，也可能讨厌它。如果它让你不自在，你就不需要跟随这种潮流。对很多内向的人来说，网络是理想的沟通方式，因为这样可以避免面对面交流的压力。而对有些人来说，现实生活中人与人之间的相处才更有真实感。但无论是哪一种方式，你都要记住，线下的自己与线上的自己一样了不起。以下是几条建议，供你在陌生而迷人的社交媒体之海航行时参考。

保留隐私。不要公开你的社交媒体档案，也就是说请设置为只有你和你的朋友可以查看。这样不仅更安全，也会让你在网络上更自在。如果你在现实生活中喜欢小圈子，那么也许你在照片墙和脸书上也会喜欢小规模社群。

珍视你真正的朋友。你可能有幸在网上交到真正的朋友，不过要注意保持平衡，维护好现实中的友谊。社交媒体有助于结交新朋友，但更有助于升华你既有的友谊。

表达自己。社交媒体的好处之一，就是让分享思想、意见，甚至艺术作品、照片和视频变得相当简单。很多内向者发现，自己在网络上更容易被"听见"。

发现自己。网络世界大得不可思议，有无数素材和社群，各种主题无所不包。网络既能用来发掘和发展兴趣爱好，也能用来与志同道合的人交流。

设定"非屏幕时间"。洛拉发现，如果时不时地把手机调到免打扰模式，她就会感觉心情平静、富有创造力。一个小时不看手机没有什么大不了，而且有助于健康：研究证实，睡前远离电子屏幕能让人睡得更沉，第二天起床后精神也会更加集中。

第 8 章
与外向者搭档[25]

欣赏和学习那些气质相异的人，
与之建立强大的合作关系和友谊

1975年3月5日，一个飘着毛毛细雨的寒冷夜晚，加利福尼亚州门洛帕克市的一个车库里，30位工程师聚在一起。他们自称"家庭自酿计算机俱乐部"，这是他们的首次碰面。他们的使命是：让计算机走进寻常百姓家。（在一个计算机运行缓慢、体积庞大，且只有大学和公司才买得起的年代，这项任务可谓艰巨无比。）

车库里冷风飕飕，但工程师们对着湿冷的夜色敞开大门，好让外面的人随时可以进来。这时走进来一位略显迟疑的年轻人，他24岁，是惠普的一名计算器设计师。他长发及肩，戴着眼镜，留着棕色的胡须。尽管他很高兴能跟志趣相投的人相聚，但他并没有跟车库里的任何人说话，因为他太腼腆了。他找了把椅子坐下来，静静听着。大家正在为一台名为"牛郎星8800"的新型自制电脑惊叹不已——它刚刚登上了《大众电子》杂志的封面。这台"牛郎星8800"并不是真正的个人电脑，用起来很费劲，也就只能吸引这种会在下着雨的星期三晚上聚在车库里讨论微晶片的人。但它的确是重要的一步。

这个年轻人——史蒂夫·沃兹尼亚克（或者就像他朋友们那样称他为"沃兹"）听说"牛郎星8800"后激动极了。从3岁起，他就对电子产品着迷不已。11岁时，他在杂志上读到了一篇介绍人类第一台计算机ENIAC（电子数字积分计算机）的文章，从那以后，他就一直梦想能制造一台小巧简便的家用电脑。

那天晚上回到家，他起草了自己的第一张个人电脑设计图，它的键盘和屏幕就跟我们现在用的电脑一样。他开始觉得自己的梦想——他心目中的超级梦想或许也有成真的一天。

3个月之后，他制造出了那台电脑的雏形，10个月之后，他和史蒂夫·乔布斯创立了苹果电脑公司。

相信你一定知道那个创造了iPhone、iPad、MacBook以及很多其他产品的苹果公司。已故的史蒂夫·乔布斯是加利福尼亚州硅谷一位坦率直言的人物，最终成了公司的形象代表。除了程序设计上的天赋，他还以敏锐的商业直觉和极具魅力的公众演讲而著称。然而，苹果公司始于乔布斯和沃兹二人的合作，是沃兹（在幕后默默地）发明了第一台苹果电脑！正是这两种不同的性格类型——一个内向、一个外向，共同塑造了苹果这个品牌。

在阅读沃兹尼亚克制造第一台个人电脑的过程记录时，让人印象最深的就是，他始终都是一个人。他的大部分工作都完成于惠普公司的一个小房间里。他在清晨大约6:30独自到达，阅读工程学杂志，研究芯片说明书，在头脑中构思设计图。下班后，他回家简单吃点儿，然后又回到办公室，一直工作到深夜。对他而言，这些安静的夜晚和孤独的清晨，是美妙而充满活力的时刻。1975年6月29日，晚上10点左右，他的努力终于有了结果：他完成了他的电脑雏形。他敲击了键盘上的几个键，眼前的屏幕上就出现了一串字母。这是当时大部分人做梦才可能实现的一项突破，而他做到了——只身一人。

在那样的时刻，很多人会想跟朋友庆祝，沃兹却不想。他的发明改变了科技世界，而且通过跟一个想要在这个伟大发明之上建立公司的外向者合作，他走进了公众视野。没有史蒂夫·乔布斯就没有苹果公司，这一点谁都知道；但要是没有史蒂夫·沃兹尼亚克，同样也不会有苹果公司。

强有力的合作关系

我的丈夫是位心直口快的外向者，我们之间有很多美妙和令人意想不到的互补。性情相反的两个人可以建立强有力的合作。戴维斯就是这样做的：八年级时，他与自己的表妹杰西卡合作，共同处理戴维斯竞选学生会主席的各项事宜。

我们还可以看一看詹姆斯和布莱恩的故事。这两位曼哈顿私立学校的学生携手，赢得了学生会联合主席的位置。故事是这样的：

还是孩子的时候，詹姆斯就常常一个人快乐地玩耍。他并不是讨厌社交，相反，他有不少朋友，只不过他需要一些安静的时光，安静地玩自己的玩具和神奇宝贝卡。小学时，詹姆斯是足球队的首发中后卫和防守教练，尽管这个角色并不十分适合他，因为大声指挥队友让他感觉很不自在。教练鼓励他说话大声点儿，可是不管怎么努力，他还是觉得有点儿别扭。

从 3 岁起，詹姆斯就待在这所学校，他的成绩很好，可是就像在足球场上一样，他经常在成绩单上看到"需要大声说话"这类典型评语。然而，他初中毕业时发生了一件事情，詹姆斯因此受到启发，找到了自己前进的方式。参加毕业典礼的亲友们聚集在一顶大帐篷下，老师们开始宣布那些单项科目第一名的学生。

詹姆斯知道自己那一年的法语学得很好，所以当老师宣布他是法语科目的第一名时，他并不意外。然而几分钟之后，他又听到了自己的名字——他获得了历史科目的第一名。获得了两个第一？"我惊呆了。"他说。同学们也都惊呆了。尽管他跟大家相识 10 年了，但没几个人知道他竟然这么优秀。孩子们纷纷过来祝贺他，并且说完全不知道他竟然是个"学霸"。

这次受到大家的认可大大地提高了他的自信，让他有了更多的期待。他想要更多地参与社区服务，更不用说有多么想为高中校园的建设积极做贡献了。而实现这些目标最好的方式，似乎就是竞选学生会主席。不用说，这对他可是个吓人的念头，他连担任小学足球队的防守教练都有些战战兢兢！现在要代表高中整个年级聪明好学的学生？那可是完全不同级别的挑战！此外，他还有一个难题要克服，那就是在这所高中只能竞选联合主席，而不是一次选举一人。如果他想领导大家，就得找一个竞选伙伴。

那个竞选伙伴就是布莱恩。布莱恩从幼儿园起就跟詹姆斯在同一所学校上学，不过他俩直到最近才成为朋友，因为他们参加了同一个夏令营,一起在湖边玩,聊体育、女孩和人生。9月匆匆过去,他们一起吃午餐,放学后还在网上聊天。布莱恩一直认为詹姆斯是那种受欢迎的孩子,因为善于运动的孩子似乎都很受欢迎。布莱恩则认为自己比较木讷、沉闷,就是那种宁愿埋头读《国家地理》也不愿去踢球的类型。

你也许会认为比较沉闷的布莱恩会比擅长运动的詹姆斯腼腆,但事实完全不是那么回事儿。布莱恩在公众面前活力十足:课堂上,他举手飞快;小组中,他积极扮演着队长角色。他跟詹姆斯几乎没有任何共同之处。布莱恩几乎比詹姆斯高出一个头,而且极爱说话。詹姆斯在初中毕业时获得学习优秀奖,而布莱恩则被大家推选出来在典礼上发言。布莱恩渴望聚光灯,而詹姆斯则宁愿在幕后安安静静地做事。不知从什么时候开始,他们时不时会聊到竞选学生会主席的事,聊得越多,他们就越发觉:他俩是完美的竞选搭档。

不过,对詹姆斯来说,竞选过程太可怕了。他已经想好了竞选纲领:他希望学校能在社区服务上加大投入。可是一想到要请大家为他投票,他就备感压力——他担心为自己拉票会显得自负或虚伪,又或者别人会以为他参加竞选只是为了给简历"锦上添花",或是为了上一所好大学。但是随着竞选计划的慢慢推进,他发现那些担心都是多余的。每次他跟同学——有时是一个,有时是一群——介绍自己的竞选纲领时,他们都会倾听。还没有怎么努力造势,他就已经收获了"诚实、热情"的好名声。班里的同学们都相信他,他们认为,既然他要主动发言,那一定值得一听。此外,他显然不只是为了吸引别人注意——他根本不怎么喜欢被人注意!他参加竞选只是因为他真的准备做学生会的工作。

詹姆斯知道自己不同于他外向的竞选伙伴，他不是那种轻轻松松就能站起来发言的人，所以他苦练演讲，练习次数之多连自己都记不清了。上台的时候，他非常紧张，不过一旦开始演讲，就自如多了。"观众的反应不错，我想我做到了。"

竞选成功时，这一对竞选伙伴欣喜若狂。

不过一开始，布莱恩并不太理解他这位安静的伙伴。联合主席要召开一种类似"内阁会议"的学生会议，会上孩子们可以各抒己见，讨论不同提议。詹姆斯和布莱恩会在会前碰面，商量议题。在这种一对一的讨论中，詹姆斯妙计迭出，可是一旦人都来齐、围桌而坐时，他就像是变了个人。而布莱恩就会变成桌上的领导者，推动讨论、引导辩论，而詹姆斯则几乎不发一言，别人都不知道他到底起了什么作用，或者说到底有没有起作用，甚至布莱恩也开始怀疑这位朋友。"我有点儿不高兴，跟他说过好几次，希望他能说点儿什么，可是后来我认识到，其实重要的不是说了多少和做了多少，而是言行背后的意义。"

渐渐地，布莱恩开始看到詹姆斯跟大家在其他层面上的互动。詹姆斯花了很多精力跟学生们私下交流，包括其他年级的学生，以及他们朋友圈子以外的人。通常，这些学生会有令人意想不到的想法，而詹姆斯会把他们的提议带到与布莱恩的私人会议里。有一次，布莱恩想要推动大家组织一天"无课日"，用来参与社区活动，可是在"内阁会议"里却遭到部分人的反对。詹姆斯跟另一名同学也讨论了"无课日"，这名男生认为"无课日"对那些平时课业高度紧张的同学来说再好不过了,因为他们可以放松一下,这一天无关考试与竞争,也不用做任何跟学习有关的事。詹姆斯深有同感,所以他找到布莱恩,建议说他们年级的学生可以利用"无课日"搞联谊。后来,布莱恩在"内阁会议"上重提这一方案,这一次大家表决通过了。布莱恩这才发现,他安静的朋友起着自己所不能及的作用。开会时,詹姆斯从不抢着说话,可他总是乐于倾听——不管是在小组会议中,还是在学校走廊里。

渐渐地,布莱恩能够深入地理解他这位安静的朋友。"以前我总是很乐意跳出来第一个发言,后来我希望他也能跟上来,发挥他的作用,大大方方地说出他的想法,"布莱恩回忆说,"过了很久我才明白,他不是那样的人。那样做非但不是他喜欢的,也不是他擅长的。那不是他的领导风格。"

合作越多,就越能看得出来,詹姆斯和布莱恩能搭档成功,不是他们克服了性格差异,而正是因为他们有着性格差异。"要是我俩差不多,我们就不会这么成功了,"布莱恩说,"我不希望他改变。不论在私交还是工作上,他的安静和内敛都让我受益。"

性格没有对错。我赞美安静的孩子和成人,是因为以往他们总是被忽视,但内外向特质各有优势,这一点无论怎样强调都不为过。我们不应仅仅为了成功而合作,我们还可以建立了不起的友谊。我交到很多外向的朋友,跟不同的人相处,让我在自我成长、个性发展和突破舒适区方面受益良多。外向的布莱恩就在他与詹姆斯的关系中看到了这一点。"有一个他这样的人做朋友真好。要是我想放松一下,我就可以找他。我们能一连好几个小时待在一起,打打乒乒球，聊聊天。"

阴和阳：因相异而相吸

通过像詹姆斯和布莱恩这样的"阴阳"组合，我们能看到：内向和外向的人是可以建立惊人的强大合作关系和友谊的。志趣相投的朋友固然可贵，然而跟与自己全然不同的人相处，也可以很有趣，甚至更有趣，因为有太多地方可以向他们学习了！

格雷丝也深有同感。"我的两个最好的朋友是十足的外向派，"她说，"吃午餐时，她们喜欢坐在不同的地方，跟不同的人进餐。"刚开始，格雷丝不敢跟不熟悉的人坐，她担心别人对她的看法，尤其因为她说话比较少，不过她的朋友们让她在社交上变得更自如。"她们带着我认识了很多人，她们几乎马不停蹄，总在召唤我：咱们去舞会！去图书馆！去商场！哪里都要去！"

然而，她们的友谊又是平衡的。那些女孩独独跟格雷丝要好，是因为她的不同令她们耳目一新。那些爱热闹的女孩也开始改变，因为她们看到了安静的生活也有种种好处。她们的父母曾经向格雷丝的父母感叹道，格雷丝竟能把她们"镇住"。而女孩们开玩笑说，她们的社交能量过于旺剩，要不是格雷丝，她们早就飞到外太空去了。比如七年级时的一个晚上，这帮女孩要出去玩，而格雷丝说自己想待在家里，因为她觉得自己需要一个平和的夜晚。果不其然，另一个女孩也决定学着格雷丝留在家里，这让她的妈妈惊呆了，因为这个女孩超级外向，平时是绝不可能错过一次外出机会的！可她告诉别人："我想跟格雷丝在家里待着。"

根据儿科医生玛丽安·库兹亚纳基斯的理论,年轻人容易被与自己不同的人相吸,因为在与自己不同的人身上,具有某些他们欣赏却没有的特质。她提到一个自己非常了解的内向的9岁男孩,跟一个外向的女孩成了特别要好的朋友。男孩喜欢女孩的活泼开朗,欣赏女孩那种随时能跟人交流的能力。而那个女孩也从他们的友谊中获益匪浅。"女孩会观察男孩,并认识到安静也挺好。女孩喜欢男孩的冷静。"他俩一起上太极课,即便在那个环境里,他们各自的优势也一目了然。"女孩欣赏男孩在冥想方面的游刃有余,冥想对男孩来说是那么轻松自然;而男孩则为女孩能轻轻松松地和班上其他成员打成一片而惊叹。"

几年前,一位叫埃夫丽尔·索恩的心理学家设计了一项实验,旨在探索外向者和内向者之间的社交互动。索恩特别观察了这两种人在打电话时的交流方式。实验召集了52名年轻女性,一半内向,一半外向,并让她们两个一组进行通话。很多人都以为内向的人总是寡言少语,而这项研究显示,其实他们跟外向的人说得一样多。(我任何一位高中朋友都这么想,因为我们以前天天晚上都煲电话粥——那时的孩子就是这样的。)实验中,当内向的人跟内向的人交流时,他们倾向于集中于一两个深刻的话题。而当外向的人跟外向的人交流时,他们倾向于涉猎很多个话题,但哪一个都不会深入。真正有意思的结果出现在内向的人和外向的人混搭时,两种人都说这些对话才是最好玩的。人们喜欢跟与自己性格相反的人聊天。内向的人发现,与更健谈的人聊天会更加轻松有趣,外向的人则发现对话会变得更加严肃和深入。实际上,内向和外向的人交流时,各自的谈话方式会向对方靠拢，所以她们的交流既轻松又深入，恰到好处。[26]

跟外向者搭档

除了能够互相学习之外，内向的人和外向的人还发现他们能彼此互补。结识比你更加外向的人时，请想想下面的建议。

认识自身的价值。不要害怕同比你外向的人交朋友。他们会欣赏你的细心和冷静，你们可以互惠互利。

观察和学习。我并不是说你要把外向的朋友当成某种导师，不过要记得努力向他们学习，并且试着扩展自己的舒适区。同时，你也可以让他们向你学习！

了解自己的局限性。你要结识新人，拓展自己，比如参加派对或进入其他便于外向社交的领域。不过，也要注意自己的内在需求，想要休息时，就休息一下。如果你有需要的话，即便别人都出发了，你也可以留下来。

优势互补。以他人之长补自己之短，形成具有启发性的"阴阳互动"。你在推特上关注的人中谁言辞最为风趣机智？你有没有总是精力过盛的亲戚？思考他们的行事风格，或者他们会给你什么建议。

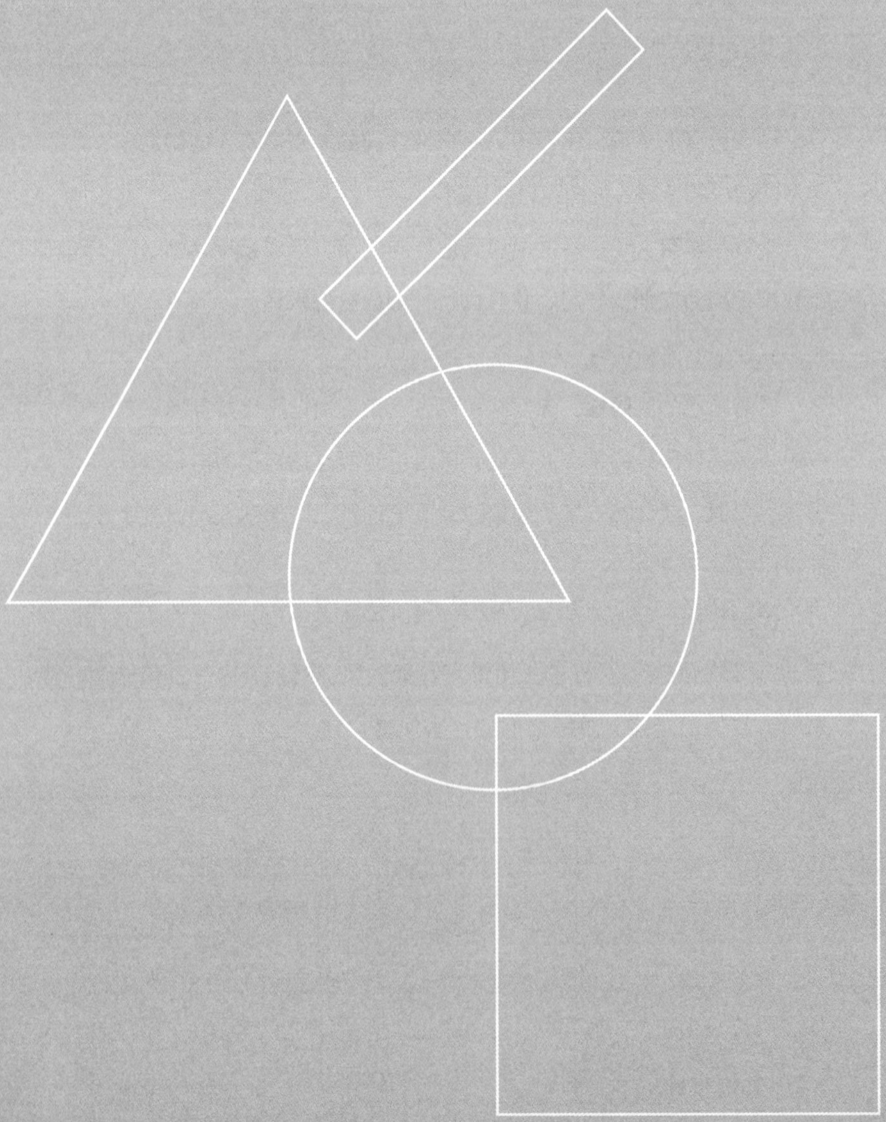

第三部分

安静地发展兴趣和爱好

随着内向的孩子兴趣爱好日渐丰富,他们能在对话以外找到更多沟通情感与思想的方式,从而更容易向周围人表达自我。他们独立、顽强、善于想象,只要启发他们关注自己好奇的事情,循着它的引导不断努力,一段神奇的生命之旅即可就此打开。

第 9 章
表达创造力

独处时坚持钻研某项技能，并尝试同他人分享作品和想法

许多内向者表示，他们在向周围人表达自我时经常感到十分困难。因此，在本章，我们会谈到除对话以外其他沟通情感与思想的方式。

你大概已经注意到，你的兴趣爱好日渐丰富，在多种事物上开始展现出非凡的创造力。创造力可以体现在绘画或作曲中，体现在编写代码时，体现在头脑风暴中迸发的新的应用程序或企业理念上，还体现在许多其他方面。创造力是无穷无尽的。

还记得第 1 章里提到的卡琳娜吗？那个柔声细语、在团队活动中备感挫折的书虫？她恰恰是一个极富创造力的人。一旦发现深感兴趣的事情，卡琳娜就会全力以赴。最近，看到教堂里有人弹吉他，她就被吉他深深地迷住了，于是开始自学尤克里里，一种类似吉他的小型弹拨乐器。现在，卡琳娜不是在用尤克里里练习弹奏电视剧主题曲，就是在创作新的旋律，来配合她的原创歌词。

但卡琳娜最热爱的还是写作，构思长篇或短篇小说实在让她着迷。她最爱读、爱写的类型是科幻小说。她可以一连好几个小时集中精力，或在电脑前构思新故事，或在自己的秘密笔记中对人物进行描绘。当一个故事润色完成时，她便在一个新兴作者网站上分享。"网站可以让其他人对我发表的文字进行评论，我不愿强迫别人阅读，也不愿索求关注。我只是想有人读读它，看是否喜欢，也许他们还会给我提些具有建设性的批评意见。"

卡琳娜的学校没有资金设立艺术课或创意写作课，于是一位语言老师决定做些事情支持具有创造力的一众学生。她在自己的课上开展了一项名叫"咖啡店"的活动，每月一次。这是一种即兴表演活动，学生们可以带来诗歌、歌曲、说唱或者其他形式的原创作品，然后与同学们分享。它依靠参与者推动，所以只有想来的人才会出现在这里。"咖啡店"中洋溢着鼓励和热情的气氛。卡琳娜惊奇地发现，自己竟能在公共场合分享自己的作品，而且大家竟如此喜爱她的文字！刚开始，她朗读自己的作品时，眼睛会一直盯着稿纸。不过偶尔她也会抬头一瞥，她发现朋友们在她读到惊悚的部分时会焦急地瞪大眼睛，或者在听到狡猾又充满讽刺性的人物对话时哈哈大笑。大家的反应超出预期地好，他们听懂了！

卡琳娜的老师发现了她的写作才华，鼓励她申请纽约市的"女孩写作行动"（Girls Write Now）项目。在这个项目里，年轻女孩们会在女作家一对一的指导下，进行创意写作。所有参与者每个月举行一次研讨会，主题包括诗歌写作、新闻写作等。卡琳娜通过了申请，在研讨会上分享自己的文章，并聆听其他女孩的文章，这让她觉得很有趣。开始时，与陌生人分享令她感到紧张，但她知道，这对成为作家来说是一次难得的机会。从同龄作家以及成年作家那里得到的第一手反馈，使她更加了解自己。听到不同年龄的写作爱好者给自己的建议和评论，卡琳娜乐在其中。

分享你的写作作品或艺术作品，就像在舞台上表演一样，需要鼓起很大的勇气。我们这些内向者或许看起来不那么想向全世界展示我们的想法或才艺，但是一旦展示出来，效果可能非常精彩。

看看下面这个安静的年轻女孩乔的例子：有一天，她登上一列开往苏格兰的火车，她盯着窗外遍布田间的牛群，突然间想象出一个男孩乘坐火车，去往一所魔法学校的情景。这所学校充满了各种各样天马行空的角色——朋友、敌人、魔法师以及神秘的生物。乔为此花了几年时间，历经无数次修改和挣扎，但是她并没有放弃。几年以后，她终于完成了一部完整的小说稿件。又过了两年，她的小说最终出版了，这就是《哈利·波特与魔法石》，而这本书的作者 J.K. 罗琳，一个内向的人，后来又续写了另外六部关于这个男孩的小说。[27]

亲爱的日记本

畅销书作家约翰·格林说："写作是需要独自完成的一件事情，

是一种适合内向者的职业，他们想要告诉你一个故事，却不希望与你进行眼神交流。"[28]

小时候，我选择的媒介是一本老式日记本，配有一把钥匙和一把锁。虽然我时不时地写些故事，但这本日记本才是我吐露真言的地方。它与世隔绝——我从未将它与朋友和家人分享。它曾帮助我疏解童年及少年时代的焦虑。如果有人看了我的日记，那将是地动山摇般的灾难。而这个通过书写表达自我的习惯，帮助我成为一名诚实的作者。

日记本不见得非得是精致的本子。麦琪每天都会在手机上做记录："我喜欢写下我做的梦，以便记住它们。我会写下自己的想法，或者让我激动的事情，但是我担心一旦把它们说出口与人分享，便会惹来麻烦。"

贾里德是加利福尼亚州的高中生，他选择在自己的电脑上畅所欲言。他说："那是我的方式，是我脑袋将要爆炸时自我拯救的方式。我写的内容大部分关于焦虑、对人和事的非常个人的看法，以及我正在经历的一些挣扎。这是释放压力的一种方式。"他几乎不会重读自己写过的文字。他在键盘上重重敲下自己的想法，然后就去睡觉。他说："我写完就去刷牙，然后睡觉。虽然我的脑袋还在嗡嗡作响，但是响得不那么厉害了。把想法写下来后，我肩头的重担会减轻许多。"

博客——表达自己的新渠道

然而，不是所有人都愿意去写。来自新泽西州的年轻男孩马修非常害羞,当老师要求全班同学都开通自己的博客时,他感到很烦恼。比起英语,马修更喜欢科学和数学,他觉得写博客无非就是另一种形式的写作作业,就像读书报告一样,后来他才发现,原来大家可以随心所欲地表达。有一次,马修把博客背景设置成经典游戏《塞尔达传说》的图片,这让他备感亲切。他说:"博客是一种进行创造性表达的渠道,这是我原本没有想到的,我可以真实地表达自己。"

通常,马修在课堂讨论中都会保持沉默。他能跟上大家的讨论,但他要么没来得及形成自己的回答,要么没有足够的自信来回答。因此,他并不经常分享自己的想法、建议或兴趣。而博客为他提供了一个途径——并且给了他充足的时间,他可以按照自己的步调写作。有一条博客内容是关于他热爱的K-pop(韩国流行音乐)的——他发布了一条自己最喜欢的音乐视频,并且收到了一些评论。班上一个女生找到他,说她很欣赏马修的品位,于是他们聊了起来。马修后来回忆道:"我们本来并不熟悉,但是那天却聊了许多,我们成了非常要好的朋友。"

在学年结束的时候,马修写到,他非常享受在网络上表达自己,然后他开玩笑说或许博客是一种"媒体阴谋",好让内向的人变得外向。当然,他没有被改变。他的性格并没有变化,马修一直都是幽默活泼的,只不过他找到了一个更加舒适的新方法展示自己的这一面。

艺术的魅力

12岁的杰登有着丰富的想象力,可有时,他觉得很难将脑海里的世界与外部的世界联系在一起。于是,他想找到一个办法,让自己既能享受纯净的内心世界,又能与他人分享自己的想象。

他在绘画中找到了这种平衡,尤其是通过画出想象中的画面,比如龙。在学校里(他承认,有时是在数学课上)或者滑滑板的时候,他会有灵感涌现,回到家以后,他就会在纸上画下来。"最近,我在画一幅风景画,内容是狮身鹰首兽骑着独角兽,在一道怪异的瀑布旁游荡,"杰登大笑着说,"我的朋友们都觉得这很棒,他们中有很多人也画画,我们就开始分享自己的作品。我觉得分享的感觉真的很好,这样大家就能知道我在想什么。"

而对朱利安来说,摄影是他表达创造力的途径。"以前在照片墙上,看到别的小孩做很酷的事情时,我会觉得自己落伍了。后来我意识到,我不一定要盯着屏幕、翻来覆去地看别人的照片,我可以自己学习拍摄精彩的照片。"于是,他和朋友安德烈决定学习拍摄漂亮的艺术照。"我们一起出去采风,用手机拍照。我们去公园、海滩,或是去布鲁克林红钩区的运河边。哪里都能发现风景,有趣的东西到处都是。摄影不只关乎记录某些瞬间和人物,还关乎捕捉美好的事物或者光影的对比。摄影是去欣赏看似随意的事物,并且让它们变得有意义。"通过从观察到的细枝末节中发掘艺术的美感,朱利安拍摄了许多令他骄傲的照片。他收获的不仅仅是照片墙上的"赞",还有更多——他收获了创造带来的自豪感。

内向者为艺术创作做出了巨大贡献。顶级创意动画工作室皮克斯,制作出了《玩具总动员》《怪兽电力公司》《头脑特工队》等动画作品,而工作室的掌舵人艾德文·卡特姆就是一个内向的人。皮克斯的导演兼剧作家彼得·道格特也说，小时候，画画能帮助自己克服"与他人交往的恐惧感，创造属于自己的小世界，这是一种逃避的方法"。道格特还提到，与皮克斯的员工一起工作既疲惫又紧张。在制作电影《怪兽电力公司》时，他说："结束一天的工作之后，我只想一个人待着。我想躲到地下室或者桌子底下这类地方。"实际上，他对于卖座电影《飞屋环游记》的最初构想，就是受到一个白日梦的启发（我觉得很多内向者也会有这样的梦）：从周围的一切脱身飞走，独自一人，飞到一个安全的地方。[29]

独立的力量

内向者具有非凡的独立能力。我们能够在独处中找到力量，且能够利用珍贵的独处时间集中精力做事。

一位体育解说员曾经把这种掌握一项技能必经的过程称为"孤独的努力"。心理学家给它起了另一个名字——"刻意练习"。简单说来，这个过程就是一遍遍地重复练习一系列难度递进的、稍微超出能力范围的任务，直到完全掌握。

无论你称它为什么，只要你想掌握某项技能（包括团体运动），这种专注的、反复的并且常常是孤独的努力，都是至关重要的。

我们内向者总是特别适合独自练习，在音乐、体育和其他方面都是如此，比如篮球明星科比·布莱恩特每天练习一千个跳投。年轻的钢琴家陶康瑞，17岁时便在纽约著名的卡内基音乐厅演奏。整个青少年时期，他大部分时间都独自在家练琴，父母则在外工作。这位在家接受教育的音乐家，在开始正常课业之前，每天会花四个小时练习钢琴、两个小时练习小提琴。[30]

还有史蒂夫·沃兹尼亚克,也就是上一章提到的苹果电脑的发明者,说自己从小就学习工程学。在回忆录《沃兹传》里,他描述了自己对电子学的热情。他通过一步一步的艰辛努力,参加了无数次科学研讨会,构建起了自己的专业能力。"我掌握了一个核心能力,它帮助我度过整个职业生涯——那就是耐心……我学会了不去过分担心结果,而是专注于正在进行的每一步,并且尽我所能做到完美。"

沃兹经常独自工作。在小学期间,他出了名地友好,有很多朋友。但上中学之后,如同许多醉心科技的孩子一样,他在社交方面感到很痛苦。小时候大家都很羡慕他在科学上的能力,而中学里似乎没人关心这些。他不喜欢闲聊,他的兴趣显得和同龄人格格不入。但是中学时代的尴尬遭遇没能阻止他追求梦想,或许反而起到了促进作用。沃兹说,如果不是当初太害羞而不愿意走出家门,他永远不会学到这么多电脑知识。

没有人会选择这种痛苦的青春期,但是事实上,少年沃兹的孤独,以及他对于毕生所爱的一心一意,在极富创造力的人当中非常典型。心理学家米哈里·契克森米哈赖在1990—1995年研究了91位在艺术、科学、商业和政治领域具有卓越创造力的人,发现许多研究对象在青少年时期都处于社交边缘。他认为部分原因是"他们强烈的好奇心或对兴趣的专注,在同龄人看起来很奇怪"。太爱交际而无法独处的青少年,往往无法培养自己的才能,"因为不管是练习乐器还是学习数学,都需要独处,而这正是他们恐惧的"。[31]

内向的演奏家

让我们来认识一下玛丽亚吧，这名加利福尼亚州的中学生的故事全部与"孤独的努力"有关。玛丽亚觉得上学很累，每天上午上完课，她都疲惫不堪，以至于午饭时她会爬到树上一个人吃饭。她的几个闺密则跟她完全相反，她们爱笑爱闹，活泼好动，人越多越高兴。她们觉得玛丽亚躲在树上很奇怪，但是玛丽亚从不在乎。对她来说，这是上学必不可少的一部分。坐在高高的树枝上，就像是为她的电池充电，让她能够为下午的活动积蓄能量。

玛丽亚在独处时感到很舒服，这使她能够发展一些兴趣爱好，并成效卓著。她才10岁的时候，就写出了长达万字的故事。此外，她还勤奋地练习拉小提琴。她特别喜欢蓝草音乐[①]和凯尔特音乐，这两种都是传统音乐，都是由若干甚至一群音乐家聚在一起演奏的。她决定加入一支这样的乐队，和其他乐手一起演奏。她的妈妈尽管很惊讶，但仍然支持女儿的追求。乐手们通常聚集在酒吧里，而玛丽亚由于年纪太小不能进酒吧，她们只好寻找其他场所。刚开始时，她们开车去了一个公园——每周日下午——都有一群小提琴手在那里表演。

"如果你女儿无法说话，你应该告诉我们，"演奏结束后，一位乐队成员这样说，"我们非常乐意配合她演奏，但是跟残疾人合作却不知道对方残疾，这很困难。"

"她不是不能说话，"玛丽亚的妈妈纠正道，"她只是害羞。"她

[①] 美国乡村音乐的一个分支，经常由小提琴、班卓琴、吉他等演奏，并伴有音调高而密集的和声。——译者注

们只得寻找别的地方。

她们找到家附近的一家文艺的咖啡馆,那里时常有小提琴演奏会。一个周末的下午,她们到达的时候,乐队已经开始演奏了。玛丽亚的妈妈放手让女儿去做,自己则坐在附近的桌子旁边,这样她既能听到女儿演奏,又能在必要时插手"解救"女儿。

乐队成员年龄、种族各异,玛丽亚是最年轻的一个,而且比其他人至少小 40 岁。她拉过来一把椅子,准备演奏。当班卓琴手变调时,其他人也会跟着变调,然后演奏者们轮流选择一首那个调上的曲子。过了不久,乐队的组织者,一个年长的女人询问玛丽亚:"现在轮到你了,你知道什么 B 调的曲子吗?"

"没关系,"玛丽亚说,"你们可以跳过我。"

那个女人摇摇头:"我们不接受'跳过'。你能不能想起任何一首 B 调的曲子?"

"不。"玛丽亚回答。

玛丽亚的妈妈知道,当女儿回答"不"时,她是认真的,无论怎么逼她都没有用。

但是那个女人不了解玛丽亚,简单的一个"不"阻止不了她。

"那好，"那个女人说，"我会演奏一些 B 调的曲子，如果遇到你会的，就告诉我停下来，然后你来领奏那首曲子。"

她开始演奏起来。玛丽亚仔细听着。几曲之后，玛丽亚点头说道："我知道这首。"

"太好了，"那个女人说，"现在你来领奏。"

玛丽亚领奏的时候，她的妈妈注视着她，脸上显现出骄傲的神情。密集的演奏过后，玛丽亚回到家，跑进自己的房间，把自己知道的所有曲子都按照曲调顺序列成清单。第二次演奏时，她把这张清单带了过去。再后来，那个女负责人会直接问她："玛丽亚，你的单子上有什么曲子？"

玛丽亚不喜欢被排除在集体之外，而演奏音乐让她感到新鲜又刺激，而且可以通过旋律表达自己，于是她鼓起勇气克服了害羞。在那种情景下，她内向的本性或许看起来是一个缺点，但实际上这正是她很容易适应的原因。她对乐器的投入，以及从自己日复一日的练习中获得的乐趣，使她的听觉更灵敏，也使她的演奏更出色。与其说她虽然生性腼腆却融入了一群成年音乐家之中，不如说正是她的内向使她融入进去。喜欢她的人也在不断增多。同学们在听说玛丽亚是小提琴手后，纷纷找到学校的音乐老师，想让他劝说玛丽亚跟他们一起组建乐队。

安静地表达自我

内向者们有一项伟大的超能力，那就是能深入钻研一件事情，并长期保持专注。将这一能力与创造力相结合，结果可能非同凡响，或许会帮助你从此走向未知的神奇之路。你可以选择将探索的结果封存起来，也可以选择与世界分享。但是无论如何，学会诚实而自信地表达自己，你的内心会感到非常满足。

下面是我们总结的一些提示，你可以从以下几方面开始。

找到你的媒介。或许你会发现一款软件来创作旋律，或者会发现一份食谱来激发自己烘焙全新的食物，或许你需要的只是一支削好的铅笔来写写画画。努力找到一种表达自我的方式，一种自然而然却又让你激动不已的方式。

创造。一旦你感受到这种召唤，就充满能量和热情地去追求它吧。投身于一件事情，不断地练习、练习，再练习。

从榜样和同伴身上寻求激励。为自己找一些同样是内向者的榜样，这会让你知道自己的目标是可以实现的。有很多像你一样的人都因他们的创造力、个人魅力和智慧而被广泛认可。[许多榜样的资料都可以在"安静的革命"网站（Quietrev.com）上找到。]

保护隐私。有些日记是永远不该让别人看的，有些事情只能由你一个人来做。营造一个安全的地方进行写作或者创作，无须担心别人的想法。享受独自做事的乐趣。

记得分享。让别人看到或听到你脑海中的事情。人们不愿分享通常是因为害怕批评，但是请试着把你的作品展示给一两个朋友。反馈是有帮助的，人们对你支持和欣赏的程度，可能会让你吃惊。

第 10 章
进行体育锻炼

刻意练习吸引自己的个人或团体运动，
让大脑享受放松和快乐

　　麦琪是一名大学生，她曾经认为运动是那些受欢迎的人的追求，对一个像她一样的书呆子来说想都别想，直到她九年级时了解到瑜伽。受到一档播客节目的启发，她每天早上都会在房间里练习拜日式和拉伸动作，再去坐校车，这让她感到愉快。

　　像我们这样的内向者，有时容易深陷于思考之中，所以向身体"逃离"能带来节奏的转换，而且既令人愉悦又有益健康。运动和流汗，对于减轻社交焦虑与挫败感、促进心理健康，都是很好的办法。因为运动会释放内啡肽，内啡肽是大脑分泌的一种化学物质，以应对特定的刺激。它能阻隔疼痛感，增强快乐感。而运动带来的不仅仅有喧闹的欢呼或团队精神，单人运动是内向者很好的选择，比如跑步、游泳、击剑等，能让他们释放能量，体验别样的快感。

　　我们采访过一个名叫布里塔妮的内向女孩，她向我们讲述了自己是怎样开始跳舞的。她一直喜欢跳舞，但是传统的拥挤的学校舞会让她感到尴尬。她 14 岁时，哥哥带她认识了摇摆舞。这种舞蹈需要舞伴，曾风靡 20 世纪 40 年代，现在又流行回来了。她太着迷于摇摆舞了，以至于说服了一个比她年长的朋友每周五晚上开车带她去舞厅参加摇摆舞会。舞会上既有 12 岁的孩子，也有 90 岁的长者，而布里塔妮愿意和所有人搭档。"那是一个友好的环境，跳舞是大家的共同点，你不必关注你在说什么。如果不想说话，你可以什么都不说，只管跳舞、大笑、出丑。"她回忆道。舞会后，布里塔妮和朋友会跟一些舞伴一起外出吃饭。在舞池里一起流汗、一起放松已经让气氛足够活跃了，所以布里塔妮与一群人围桌而坐都不会感到紧张。她感到自己正在用新的方式交流——不仅仅是通过机智的对话或者酷酷的外表。

视觉化的力量

从杰夫还是小孩子起，他就喜欢一个人运动。他会一个人踢足球练习带球，或打棒球练习高飞球。当然，快速释放的内啡肽让人感觉很棒，但最重要的是，杰夫享受独自一人的时光。杰夫在纽约奥尔巴尼郊区的一个小镇长大，他喜欢很多运动，尤其是足球。然而在他开始打长曲棍球时，他感到身体里有什么东西被触动了。这注定是属于他的运动。

然而，13 岁才开始打长曲棍球，杰夫需要奋力追赶。有些同龄人已经既能用左手也能用右手使用球棍来接发球。他需要赶上他们，甚至超过他们。

杰夫开始每天练习。他会跑到原先就读的小学，站在一堵光秃秃的水泥墙面前练习发球,每天几百次甚至上千次。他的技术进步飞快,自信也与日俱增。他有一种直觉:自己比任何一位对手都练习得更加刻苦,这让他更有动力。高中二年级时,他创造了赛季得分的学校纪录。在高中的最后一年,他被授予"全美选手"称号,这是高中选手的最高荣誉之一。

接下来的一年,杰夫进入了西点军校,这是一所以严格训练而著称的军事学校。在那里,他对长曲棍球的热爱有增无减。每天两至三小时的练习,对于军校学生紧张的生活来说是一种调节,而杰夫往往在正式练习之后,还会进行额外训练。大三时,他接受了一位西点军校心理学家的辅导,这位心理学家曾帮助运动员提高成绩。杰夫惊奇地发现心理学实在太令人着迷了。积极思考的力量,树立目标的重要性,以及如何在压力下保持冷静并出色发挥,等等,有太多需要学习的地方。

其中,真正吸引杰夫注意力的是视觉想象技术,这需要安静地集中注意力并想象。杰夫会在他的脑海中想象一个他希望在球场上发生的场面;在心理医生的办公室,他会观看自己比赛时精彩部分的录像,想象自己又一次打出最棒的比赛。

在大型比赛之前,杰夫和助理教练会观看对手的录像,以更好地了解他们的打法。杰夫观察他们防守系统的漏洞,或者对方运动员的狡猾意图,然后想象自己利用它们,越过对方进球,或者为队友轻松助攻。然后,在比赛开场之前,当一些队友大喊大叫做准备时,杰夫会安静地戴上耳机,独自一人坐着,开始想象。他会回忆那些精彩的比赛录像,在自己的想象中绕过对手的防守,一次又一次进球。掌握视觉想象技术之后的两年大学时光，是他作为一名运动员最好的时光。他两次入选全美明星队，并打破了西点军校的赛季助攻纪录。

冰上与水中的孤独

任何一项运动中都有内向者的身影，但内向者往往倾向于那些可以独自完成或练习的项目，比如游泳、越野跑步以及高尔夫球。儿时的我也不例外。10岁时，我开始学习花样滑冰。这项运动对我有着特别的吸引力。看着选手在冰上滑行、旋转、跳跃，我就像被魔力所迷惑。我想成为那个美丽世界的一部分，尽管我开始得太晚，实现奥运梦想已不太可能，但是尝试努力提升自己这一简单的想法就足够让我兴奋。冰上的时光、孤独的练习，这就是纯粹的幸福。只要一想到当天的训练或比赛，生活中的忧虑和压力看起来就不那么重要了。"在某种程度上，运动就是一种冥想，"心理学家伊丽莎白·米卡说，"运动会占据你的身体，让大脑有时间静思。"

珍妮是一名来自西雅图的安静少女，她很享受游泳带来的沉思。在成长过程中，她尝试过各种运动。中学时，她曾经和朋友一起踢足球，队友是一群闹哄哄的女孩。每次球队赢球的时候，队员们都会疯狂庆祝，但是珍妮无法投入这种热闹之中。"一个队友总是对我不满，她会说：'你为什么不参与进来，你为什么不关心我们的胜利？'"

很快，珍妮就放弃了足球，转而开始游泳。"沉浸在自己的脑海中真让人平静。"她说，"刚开始游的时候，最初几圈，我的脑海里总是乱糟糟的，会出现各种无关的话题。游着游着，大脑就会放空。要是我和朋友吵架了，心情很难过，我就会出来游泳，暂时'失忆'一会儿，利用运动清空思绪——也可以说是边游泳边厘清思绪。"

运动心理学家艾伦·戈德堡曾经辅导过业余运动员和奥运会选手，他说在泳池中常常能见到内向的人。"游泳这项运动会吸引那些耐得住安静的人，"他说，"从本质上说，这项运动要求你能够忍受长时间的独处，不与人交流。"[32]

投球手的反思

尽管个人项目对内向运动员很有吸引力，但在其他运动中，内向者也能表现得很出色。德里克·罗斯和拉简·隆多这两位美职篮最佳控球后卫，被形容为高度内向者。事实上，根据教练的说法，罗斯的最佳技能之一就是倾听。

同样地，足球明星利昂内尔·梅西和克里斯蒂亚诺·罗纳尔多都是出了名地努力，他们坚持"刻意练习"，球越踢越好。

在 2012 年的一篇报纸文章中，华盛顿国民棒球队的所有队员都被描述为偏内向的性格。[33]这些运动员一般都很友好，同时也很善于分析，专注而内省。队伍中的所有人都不喜欢那种大嗓门、凡事都得自己说了算的人。他们当时的经理戴维·约翰逊也更偏爱与队员一对一谈话，而不是举行常见的集体会议。

尼娜来自俄亥俄州，是一名高中垒球选手，她对于"孤独的努力成就伟大"这一点深有体会。她小时候参加过各种体育运动，包括足球和篮球，不过毫无疑问，垒球才是她的最爱。尼娜是垒球投手，球风很猛。有一次，她和父亲在后院练习接球，结果她投球过猛，打断了父亲的手指。

尼娜每天都会练习。球队练习之后，她会跑到自家附近的小山上练习到很晚，以改进自己的不足。她甚至会在家里一边看电视一边磨炼技术：她会拿一个垒球，尝试不同的抓法和旋转角度，这样她就能够掌握新的投球方法。她也会用哑铃增强手腕力量。作为一名高中三年级学生，尼娜能投出一场无安打比赛，这意味着她投出的球在整场比赛里，对手阵中没有人能获得安打。第二年，作为高中四年级学生，她在各个项目中的成绩都有所提高。

超越铜牌

当然，据心理学家艾伦·戈德堡观察，内向的运动员也有一个缺点。他说，内向者总是倾向于过度思考他们正在做的事情，因此当犯错误或者没有达到目标时，他们对自己会更加严厉。

我非常能理解这个观点。当我还是一名花样滑冰运动员时，在赛场上我奋力拼搏。我会花几个小时在滑冰场练习，动作非常完美。但是比赛那天，我却会出现失误。比赛前一天晚上我都无法入睡，轮到我上场的时候，我会在做某些动作时摔跤，而这些动作在练习时我却做得很好。我花了好多年才最终适应表演和比赛。（希望你们不用花这么长时间！如果重来一次，我会更多地了解自己，更多地练习表演本身：在大型比赛开始前的准备阶段，我会尽可能穿上演出服，以适应在聚光灯下滑冰的感觉。）

汉斯·龙博也有相似的问题。他是一名跆拳道黑带选手，10 岁时，他开始对这项武术运动产生热情。他没有被欺负过，因此他的兴趣和自我防卫没有关系。他想学武术，是因为他痴迷于李小龙和动画片《忍者神龟》。尽管在他的故乡比利时，最受欢迎的运动是足球和自行车，他的父母也并不鼓励他练习武术，可他还是苦练不已。14 岁时，他每天要练习好几个小时。

汉斯很享受长时间的努力，他选择了独自练习跆拳道。最后，他变得非常擅长动作编排，这意味着比赛中他不必真正与他人打斗，只需要跟对手并排站好，表演一系列动作，裁判组就会根据动作技术、踢腿力度等，对两位选手的表演进行打分。在锦标赛上，得分较高的选手会进入下一轮比赛。

这个规则对于内向的汉斯来说是完美的。因为这需要独自训练和表演。他进步平稳，几年以后便进入比利时国家队。然而，他的进步势头很快便开始减弱。"我进入国家队之后，总是拿铜牌，"他说，"人们都叫我铜牌先生！"他在比赛头几轮中总能轻易获胜，但是越接近决赛，他的压力就越大。一想到要在几百个观众面前比赛，他就难以承受：他会因过分在意比赛而怯场，然后在半决赛中输掉。

这种令人失望的情况持续了几年，汉斯开始跟随一位教练练习，这位教练针对他的心理障碍进行了指导。她说服汉斯忽略观众，也忽略裁判。"我会告诉自己：'这里没有别人，只有我和教练。这只是向教练展示我踢得怎么样。'"他说，"一旦心理压力减小了，我就开始取得好成绩。"一年之内，汉斯就赢得了欧洲冠军。

当教练宣布他获胜时，他的整个团队冲上赛垫为他欢呼庆祝。

那一刻，聚光灯丝毫不会让他紧张。"尽管人很多，大家都在看着，但是我并不在乎——我只感到狂喜。"

如果你能像汉斯一样，克服比赛的压力，避免因考虑太多产生困扰，那么对身为运动员的你来说，内向会是非常大的优势。你拥有三个关键的"超能力"：对孤独练习的忍耐、对完美的追求、以及高度集中的注意力。

体育运动不一定都要比赛。比如朱利安，他的兴趣很广泛，从钢琴到摄影，再到最近迷上的跑酷。他在通过跑酷锻炼身体，跑酷是一种以跑步、跳跃为主要表现形式的运动。"跑酷需要学习如何在所处环境中最大限度地利用身体。遇到墙，就要翻过墙，所以要学习如何平稳落地、从建筑或物体上跳下、翻滚和跳落。我喜欢跑酷，因为这是我可以独立完成的事情。跑酷是对你自身力量的考验，不一定要和别人比赛。我会阅读这方面的书籍，观看视频，然后努力模仿。"

如果你喜欢一项运动仅仅是因为运动或者追求卓越本身带来的纯粹快乐，那么不要掉进这种想法的陷阱——觉得表达热爱的唯一方式就是参加比赛。比赛只是一种方式，但绝不是唯一的方式。

内向运动员的训练方法

青春期是身体发生改变的一个时期，给身体一些关爱吧。试试什么最适合你。你可能会发现，心跳加快、微微出汗能让你放松，让你从脑力劳动中解脱出来。在运动中，体重不重要，那些不公平的美丽标准不重要，重要的是神清气爽，以及分泌内啡肽带来的快感。你可能不是球场上叫喊声最大的运动员,但是你可以成为那个让观众欢呼声最大的人。

独自训练。 拥抱孤独,独自训练,不仅能提高你的技巧,还能恢复你的心理能量。

研究你的运动项目。 训练你的专注力,并将其应用到运动中。深入了解你的运动项目,通过刻意练习提高成绩,直至超越自己(这很可能会自然而然地发生)。

想象成功。 让大脑忙碌起来,尽情想象你胜利的样子,以增强自信心。

简化你的世界。 不要让观众削弱你的能量和力量,就像曾经的汉斯那样。忘记观众,将你的世界缩小到比赛垫、球场或泳池。屏蔽外界的干扰,全神贯注地比赛。

享受一个人的自由。 瑜伽、跑步、走路、登山、仰卧起坐……这些都是可以自由练习的项目,你可以一个人在卧室或者户外进行训练。

第 11 章

出发探险

内向的特质天生适合探索，
时刻激励自己向前迈出一步

杰西卡·沃森在澳大利亚长大，她和兄弟姐妹都在家接受教育，而他们的家实际上是一艘船。杰西卡上五年级时，她的父母买了一艘 52 英尺（约合 15.8 米）长的船，带着孩子们，沿着澳大利亚海岸线，开始了长达 5 年的冒险。杰西卡是一个安静的女孩，但是在害羞的外表下，冒险精神悄悄萌发。在 11 岁回到家乡时，她听说了水手杰西·马丁的故事：马丁在 1999 年，也就是他 18 岁的时候就独自一人驾船环游世界。马丁的故事让杰西卡受到发自内心的震撼。尽管还年幼，但她已经知道自己想要这样的旅程——她也想驾船环游世界，并且想要独自完成。

起初，杰西卡把这个梦想藏在心底，毕竟谁会认真对待这个想法呢？然而，她开始悄悄研究单人帆船，尽她所能地学习独立驾驶帆船的复杂技巧。她想象在大海上遇到危险的暴风雨会是什么样子，面对这种危险她会有什么感受。她能够承受这个挑战吗？她能够独自一人驾着帆船环游世界吗？她已经变成了天气、导航和装备方面的专家。她研究得越多，想象得越多，就越自信，觉得自己可以应对任何险况。

杰西卡决心驾船环游世界，不管你信不信，她真的说服了父母。这趟行程需要极为认真的规划。她列出赞助者，招募了一支专家团队绘制航行路线并一路追踪她的旅程。她精心装扮自己的船，给它起名为"艾拉的粉红女郎"，并配置了专门的装备应对野外不可预测的天气，以保证自己的安全。然后，2009年10月18日，她独自出发了。她那时才16岁，已准备独自度过接下来的9个月。多亏了出色的通信装备，她可以利用无线网络与亲友以及支持团队通话，甚至可以时不时地浏览脸书。

然而，她仍然要完完全全独自一人在茫茫大海上航行。

杰西卡启程了。海岸线一离开视线，她便发现，孤独并不会让她担心。当然，她会跟帆船的风向标说话，这个装置是用来测风向的（她甚至给它起名为"帕克"），她会跟一只在船上短暂停留的海鸟说话，偶尔还跟她带上船的毛绒玩具说话，甚至还会给船做动员讲话，仿佛船是一个真实的人，在面临暴风雨的时候也需要一些鼓励。她也会有情绪低落的时候，令人吃惊的是，当她和亲友通电话时，她有时会拒绝说话，而是选择沉默。她发现，尽管相隔甚远，哥哥还是会让她心烦。她航行在太平洋上的时候，曾在博客上这样写道："感谢爸爸和布鲁斯这几天在电话那头的耐心，感谢他们能够理解，有时候女孩就是不想聊天。"

这段旅程让她惊叹，她的经历听起来像做梦一样。成群的海豚绕着她的船头游来游去,晚上则会有小鱿鱼不知怎的掉到甲板上。当月光透过暴风雨洒在海面上,她看到了夜间的彩虹——月虹。

有一次,她的船和一艘油轮相撞后受损。一波又一波的海浪冲击着船,让船失去了方向,而杰西卡就像浸水的洋娃娃一样在船舱里翻转。还有一天晚上,她不小心误用柴油煮意面当晚餐。于是岸上有许多人说她不该踏上这次旅程,说她应付不来。尽管有脆弱和恐惧的时候,杰西卡却深信自己一定能应对一切。

于是,带着满满的能量与热爱,她坚持下来了。用210天航行了24 285英里(约合39 082.9千米。——译者注)之后,她停靠在澳大利亚的悉尼港,迎接她的有直升机、船、电视台工作人员、欢迎的人群,当然,还有她的家人。杰西卡成为单人驾船环游世界的人中最年轻的一个。[34]

世界上最浓的柠檬汁

人们通常认为冒险者都狂放不羁、自信大胆。其实,一段伟大的旅程中最重要的技能,往往是人们意想不到的。为了完成这次奇妙的冒险,杰西卡需要高度的专注力,对孤独的高度耐受力,以及巨大的情感力量。作为内向的人,杰西卡非常适合这项任务。

一般来说,虽然外向的人更容易被危险的情形吸引,但这并不是说内向者不爱冒险,事实可以证明这一点。只不过对于自己要承担的风险,内向者会有更加细心和缜密的考虑。

一些科学家认为,人们对于冒险的热情与收获感有关。人们会把冒险看作一种收获的方式,无论是登山带来的满足感,还是抽奖中奖带来的喜悦。有证据表明，外向的人更容易受到自豪、兴奋等积极情绪的刺激，这些情绪可以源于达成某个目标、赢得一场比赛或者克服几乎不可能克服的困难。当然，人人都会从那种刺激中获得享受，但科学家发现，外向者的收获感会来得更强烈些。人类大脑中有一种奖赏回路，当有好事发生时，大脑会通过这一回路反复传送多巴胺，以增强兴奋感。科学家说，外向者大脑中的奖赏回路显得更加活跃。

在一项研究中，研究人员观察了赢得赌博的内向者和外向者，发现外向赢家大脑中的"奖赏区域"比内向获胜者的更加活跃。[35]我相信内向者也喜欢获胜，但是证据表明，他们大脑中的"奖赏区域"活跃度更低，因此内向者对于获胜会更加冷静些。

另外一些研究发现，外向者开车更鲁莽，因此他们比内向者更容易发生车祸！

说到像驾船环游世界和攀登高峰这样的冒险，内向者的冷静会大有帮助。让我们来看看贡纳·布雷维克的研究。几十年来，这位挪威社会学家一直在研究极限运动员的性格。布雷维克曾经研究了登山者在攀登岩石山、雪山和室内攀岩墙时的状态。在好几项研究中他都发现，那些会安静地思考自己目标的攀岩者，往往更加冷静，更会自省。而那些偏爱在自然环境中而不是体育馆里攀岩的人，往往是内向的人。

在另外一项研究中，布雷维克考察了1985年攀登珠穆朗玛峰的挪威登山队成员们的性格。比起其他珠穆朗玛峰攀登者，这支队伍是非常成功的——7位探险者中有6位完成了登顶。布雷维克考虑到严寒和风雪带来的极端感受,设想他们更倾向于外向的性格。还记得那个柠檬汁实验吗?该实验发现内向者对刺激的反应更激烈,因而更容易被刺激压倒。好了,现在珠穆朗玛峰就代表着一种最强烈的刺激——世界上最浓的柠檬汁。此外,登山需要非凡的团队合作,布雷维克想,外向者在团队中能够表现得更好。

结果,这些冒险家竟然大多是内向的人。"他们是那种独立、顽强、善于想象的人。"他说。但是他们也能够一起合作,互相帮助,攀上世界最高峰。[36]

杰西卡和她神奇的孤身航行同样证明了布雷维克的观点:冒险家通常是高度专注的内向者。杰西卡在海上如此能干,部分原因就是她安静的本性,这让她保持冷静,专注于眼前的危险。尽管旅程非常危险,但她还是能够锁定准确的方向,在汹涌的海浪中航行,并且自己照顾自己。

达尔文的鼻子和进化论

有些内向的冒险家并非天生爱冒险,但是在其热爱的事情上,他们愿意挑战极限,面对巨大的危险。查尔斯·达尔文可以说是历史上最具影响力的内向者之一。他曾提出进化论,认为所有物种都随着时间进化而来,以适应各自的生存环境。这一理论完全改变了人们对人类和生物学的理解。在还是小男孩的时候,达尔文就喜欢独自一人长时间地走路,或者一连几个小时一个人钓鱼。内向的性格偶尔也会给他带来麻烦。他的故乡在英国乡下,有一次,他沉浸在自己的思绪中漫无目的地走着,不小心走到道路边缘,掉进了两米多深的沟里!

成为一名理科生后,达尔文渴望看一看英国外面的世界。1831年的夏天,他得到了一个机会。英国政府派遣"小猎犬号"帆船探索南美海岸,船长罗伯特·菲茨罗伊想要一名地质学家随船研究陆地。一位教过达尔文的教授向船长推荐了他,一番犹豫之后,达尔文答应了。然而,船长并不愿意带上达尔文,因为他不看好达尔文内向的性格——他相信可以通过一个人的长相,尤其是面部特征判断其性格。菲茨罗伊船长认为,长着达尔文那样的鼻子的人,不会具备这次航行所需要的精力和决心。

但船长最终还是同意了,"小猎犬号"于1831年12月启程,达尔文也随船航行。预计两年的行程后来延长到五年,达尔文花了大量时间,把他在海洋上和陆地上观察到的一切详细记录下来。每天,他在狭小的船舱内用日记记录下沿途风光——树木、河流、花草,以及当地的动物和居民。他偶尔还会把几页日记撕下来夹在信里,一同寄给他英国的学者朋友。达尔文当时并不知道,这些日记在很多科学家中传阅。等到1836年回国时,他已经是学术圈的名人了。他在旅途中看到的不同寻常的生物,也激发他开始构建自己的科学理论,那就是后来改变了全世界认知的进化论。[37]

尽管达尔文的性格和长相,让船长质疑这位年轻的科学家能否胜任这项工作,但最终达尔文成了船上最重要的成员。如果没有达尔文,这趟旅程恐怕会被湮没在历史之中,所以,就算他不是菲茨罗伊船长偏爱的那种适合航海的外向的科学家,那又怎样?多亏了达尔文敏锐的观察力,多亏了他对所见事物的详细记录以及他在后来的书稿和演讲中对这些记录的解释,"小猎犬号"的科考之旅成了科学史上最重要的一趟旅程,如果船上没有达尔文,它只会是一次普通的航行而已。

专注造潜艇的少年

下面这个冒险故事绝对属于"请勿模仿"的类型,但它是真实事件。故事关于一个叫贾斯廷的少年,他从小就是个捣蛋鬼。贾斯汀喜欢搭积木,喜欢用浮木制作雕塑。10岁时,他开始自己制作遥控船和遥控汽车。他的父母很早就发现了他的这个爱好,于是带贾斯廷到当地的垃圾站,捡一些废旧的电脑和汽车,以及其他贾斯廷感兴趣的东西。后来垃圾站的经理甚至会把一些有趣的东西给贾斯廷留好。贾斯廷会把这些废料改造成各种车辆和机器人。

贾斯廷对创造的痴迷与日俱增,他坚持想要建造一艘潜艇。14岁那年,他努力造了一艘,但是舱壁漏水。一年以后,他的第二次尝试也失败了。最终,贾斯汀发现自己一直以来都做错了,于是他请求父亲为他买一根6英尺(约合1.8米)长、直径2英尺(约合0.6米)的塑料排水管。当时,他的父亲已经习惯了贾斯廷的各种奇怪实验,于是在向他确认过诸多安全问题之后同意了。

排水管送到之后,贾斯廷把它拖到地下室,那里存放着各种旧电器元件、汽车零件、电线、绳索和其他收藏品。他琢磨着该怎样开始。接下来的6个月,凭借一己之力,贾斯汀把那根大塑料管初步改造成一艘单人潜艇。他卸下一艘旧渔船的发动机,从玩具汽车上拿出电池,从破旧的汽艇中取出散热片,从坏掉的冷饮机中拆下

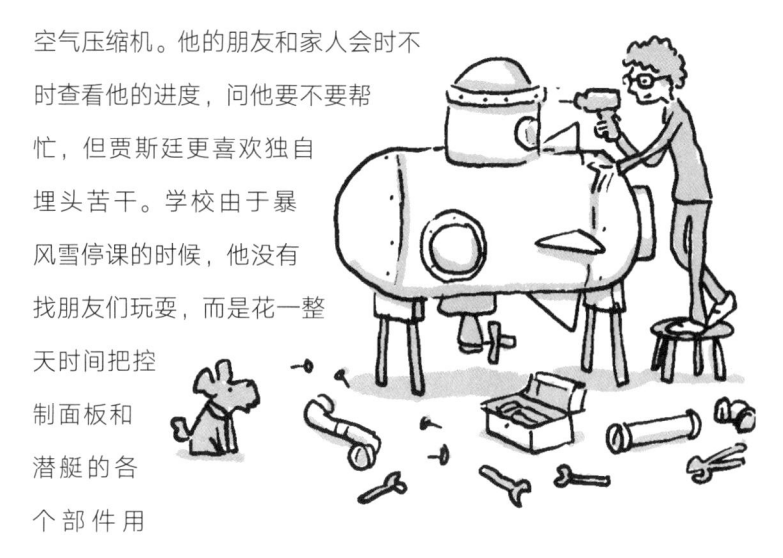

空气压缩机。他的朋友和家人会时不时查看他的进度，问他要不要帮忙，但贾斯廷更喜欢独自埋头苦干。学校由于暴风雪停课的时候，他没有找朋友们玩耍，而是花一整天时间把控制面板和潜艇的各个部件用电线连接起来。对他来说，这并不是件苦差事，而是他想做的。

到了春天，潜艇完成了。得到父母的允许后，贾斯廷把潜艇开到度假屋后的湖里，然后慢慢沉到水下。他一个人在水下待了 30 分钟，吃着奥利奥饼干，看着水中的鱼，时不时地和父母通过对讲机保持联系，好让他们知道没有危险。

30 分钟快到时，贾斯廷呼叫父亲，告诉他自己有麻烦。父亲很紧张，结果贾斯廷报告的问题是："我的奥利奥吃完了。"

这个少年能够独自建造一艘潜艇，原因有很多。他极其聪明，也极其专注，并且能够长时间不分心地工作，毕竟贾斯廷能花整整一天在家里埋头整理电线！他从未感觉自己的内向是种性格缺陷。这是他的天赋之一，而且制造潜艇和遥控汽车的时候，他体会到了冒险带来的快乐和刺激。

别让恐惧变成小偷

冒险并非（也不必）都会对历史或科技产生影响。就拿丽塔来说吧，这个来自印第安纳州的曾经腼腆女孩，高中二年级时一整年都在厄瓜多尔度过。她和当地孩子交朋友，学习跳萨尔萨舞，虽然当地文化比她之前习惯的文化更加热情友好，也更加喧闹，但她很快便适应了。回到家乡后，她做了一场演讲，介绍自己这次出国的经历，并鼓励年轻人像她一样去旅行。丽塔以前在人前讲话时会感到紧张，但是她相信自己要传达的信息是很重要的。尽管在管理这个交流项目的成年人看来，外向的孩子在国外会更容易适应，但丽塔却说，内向实际上是很大的优势。正因为她很善于倾听——真正地倾听人们所说的话，她与寄宿家庭的大人和学校里的孩子才能建立起亲密的友谊。的确，虽然有时会戴上外向的面具，但是丽塔并没有感到自己有所改变。"我并没有变得更外向，"她说，"我只是不那么害羞了。"

学校也请她发表演讲，谈谈自己的经历。这一次，她不得不在成百上千人面前讲话。公众演讲让她感到害怕，但是她分析：既然自己能够去国外冒险，到一个语言不通、无人认识的地方，归来时还能讲西班牙语并且交到新朋友，那么，她也就一定能够在公众面前做简短的演讲。她回忆起邻居曾经告诉她的一句话——在离开家去厄瓜多尔之前，她的妈妈送给她一本小书，书上写满了朋友和邻居写的赠言。"一个邻居写道：'恐惧是小偷。'这成了我在厄瓜多尔时遵守的信条。我决定按照邻居分享的话生活：你不能让恐惧成为小偷，它会偷走你很多珍贵的东西，夺走你很多美好的时光。"

丽塔在国外生活的时候，听从了邻居的建议，而现在，她又一次想到了这个建议。她在英语老师的帮助下准备演讲稿，然后找到学校的戏剧老师帮忙练习演讲，在应该提高音量和强调的地方做标记。但是，在演讲那天早上，她还是紧张极了。一千多名观众注视着她，她瞥了一眼笔记，开始讲了起来。"当我说出第一句话时，一切似乎都变慢了一点儿，我感到平静下来。"是的，有一大群观众坐在台下，但是他们来这里都出于一个原因：对丽塔要说的话感兴趣。这是一个分享她的思想和经历的机会，或许还会激励其他孩子去旅行、探索新的文化。她不会让恐惧偷走那个机会。

丽塔从那次冒险中得到的自信让她受益匪浅——不仅限于公众演讲方面。她发现自从跨过了交际障碍，结交朋友也变得容易了。事实上，那次冒险对她的改变是如此之大，以至于她决定推迟一年上大学——利用这一年的空当参加另外一个交流项目。这一次，她去了俄罗斯。同样地，她对这个国家所知甚少，她不会说俄语，也不认识俄罗斯人，而俄罗斯比厄瓜多尔离家更远。

换句话说，这是一趟完美的旅行。

内向者探险指南

无论你是否出发，无论你要去哪儿，无论你如何到达，这些都完全由你自己决定。但是如果你真的要开启一段独自探险之旅，请考虑杰西卡、丽塔以及其他人的故事带来的一些小提示。

追随你的热情。本章提到的爱冒险的内向者们，都对一些事情深深着迷，因而无法抵挡探索的热情。关注让你好奇的事情，在它的引导下，或许你会开启一段改变生命的体验之旅。

倾听和观察。无论你是旅行还是探险，内向的性格都会对你有所帮助。丽塔通过仔细倾听寄宿家庭的妈妈的话以及观察新同学，适应了厄瓜多尔的文化。而达尔文观察的力量让本可能被遗忘的旅程变为历史上最伟大的旅程之一。如此看来，内向者们就是为冒险而生的。

及时充电。无论多么热爱冒险，你仍然需要时间为"心理电池"充电。比如游泳运动员珍妮，她曾经到日本待过几星期，学习那里的文化。她的寄宿家庭不理解她独处的需要，但她坚持如此，于是他们每天在珍妮放学后都给她一点儿时间，让她独自安静地待一会儿。这让她的生活大有不同。

按照（同为内向者的）埃莉诺·罗斯福的话去生活。"每天做一件让你害怕的事情。"这可以是一件小事，比如课上举手，或者在开会时坐在你完全不认识的人旁边。勇敢走出舒适区会是一件让人上瘾的事情。如果你习惯了这样做，你很快就会发现自己会经常做一些富有挑战性和让你有所收获的事情。

相信自己。无论对内向者还是外向者而言，伟大的旅程、打破纪录的远足，甚至简单的国外旅行，都可以让人神经紧张。但是正如丽塔学到的，你不能让恐惧变成一个小偷。

第 12 章

改变世界

全情投入一件有影响力的事情，一点一点地延伸自己

1955 年 12 月 1 日傍晚，亚拉巴马州蒙哥马利市，一辆公共汽车缓缓停下，一名四十多岁、穿着打扮很普通的妇女上了车。她是罗莎·帕克斯，在蒙哥马利一家百货公司工作，每天在昏暗的地下裁缝铺里弯着腰熨衣服，她的脚是肿的，肩是酸的，尽管如此，她走路时还是挺直身板，显得很高。上车后她在第一排的"有色人种区"安静地坐着，车上挤满了人。这时，司机让她把座位让给一名白人乘客。

这位妇女说了一个字，而这个字引发了 20 世纪最重要的人权运动，甚至改变了美国。[38]

她说的是："不"。

司机威胁说要叫警察逮捕她。

"你可以这么做。"罗莎·帕克斯说。

很快一个警察赶到了。他问帕克斯为什么不让座。

"为什么你们所有人都可以摆布我们黑人？"她简单地反问道。

"我不知道,"警察说,"但法律终归是法律,你被捕了。"

她的行为被判违法。在审判那日下午,蒙哥马利市权利促进协会在霍特街浸礼会教堂——全镇最穷的地区为帕克斯举行集会,5 000人聚集在一起支持帕克斯勇敢的行为。人们挤进教堂,直到长椅上再也坐不下人。其他人在外面耐心地等着,听着扬声器里传来的声音。牧师马丁·路德·金对公众发表讲话。"终有一天,人们再也忍受不了压迫者铁蹄的践踏。"他对大家说。

他赞扬帕克斯的勇敢并拥抱了她。而她只是沉默地站着,她这样站着就足以激励众人。随后协会在全市范围内发起了黑人抵制公交运动,一直持续了381天。为此人们不惜徒步几公里去上班,或是跟陌生人拼车。他们改变了美国历史的进程。

我一直把帕克斯想象成一个高大的女人,勇敢大胆,轻易就能对抗一车愤怒的乘客。但是在2005年她以92岁高龄辞世时,在铺天盖地的讣告里,她却被形容为声音温柔甜美的小个子女士。人们说她"胆小而腼腆",却有着"狮子般的勇气",描述她时总是用类似"激进的谦逊"和"安静的坚韧"这类词语。既安静又坚韧是什么意思?这些形容词放在一起本身就形成了一个问题:你怎么可能既害羞又有勇气?

帕克斯自己似乎很清楚个中矛盾,她给自传起名为《安静的力量》(*Quiet Strength*)。这个名字启发人们对上述问题进行思考。为什么安静不能是有力量的?安静还能做出什么让我们意想不到的事情?

正如你将要在本章看到的:安静也可以改变世界。

性格的"橡皮筋理论"

几年前,我有机会见到了性格研究方面的主要学者之———哈佛大学医学院的卡尔·施瓦茨博士。他解释说,从某种程度上说,我们的性格是由先天的大脑和神经系统决定的。正如之前谈到的,我们出生即有性格——以特定方式表现及感受的倾向,并且我们不能随意改变性格。

然而,我们能够延伸自己:敏感小心的人可以学着行为大胆,冲动直接的人可以学着克制而老练。

我把这种变化称为性格的"橡皮筋理论"。内向的人可以像橡皮筋一样拉伸,从而在过于刺激的环境中表现得外向自如,但是如果拉得太长,橡皮筋就会断掉。所以,关键在于要知道自己的极限。

我最喜欢的"橡皮筋故事"是关于我在普林斯顿大学的老同学温迪·科普的,她提出了一个大胆新颖的想法以改善美国教育。在美国,贫困地区的学校生存得很艰难,资金拮据、班级太大、教师太少。温迪上大学时就想,如果有机会,那些年轻聪明的同学会不会有兴趣到那些名不见经传的城镇教书呢?他们需要的是一个组织,一个能为他们创造这些机会的组织。温迪开始更多地思考这个问题,她意识到这个方法可能会为无数孩子的教育带来改善。

然而,她也知道需要钱来实现这一切,而且这不是一个小数目。经过调查,温迪计算出要成立这样一个组织(她后来将其命名为"为美国而教"),需要250万美元启动资金,才能维持正常运营。她需要这笔资金招募年轻人,培训他们成为教师,然后为他们的贡献支付工资。但温迪当时只是一名学生,她没有这笔钱,而且她也不认识那么有钱的人。这意味着她如果想将自己的想法变为现实，就不得不请求别人的捐赠。

对有些人来说，这可能很容易。但温迪并不觉得自己是那种外向的销售人员，能够吸引别人支持自己的想法。她是一个骄傲的内向者，喜欢独处。上大学时，她拒绝参加备受欢迎的社交社团，却喜欢通过每天早上一个人长跑整理思绪。我仍然记得她穿行在校园中的样子，那时离她创建自己的组织还远得很。她有一种果断和坚定的气质，令我难忘。于是，正如许多勤奋的内向者一样，温迪直奔图书馆，沉浸在研究中。她希望尽可能多地了解这个问题，以及创建这一组织需要做的事情。

然后，她写信给 30 个大公司的领导，包括可口可乐和达美航空。许多人拒绝了她，也有些人根本没有回复，但她继续努力着。大学毕业后的整个夏天，她在一间小小的办公室里写了几百封信。有一次，她说服了一位来自得克萨斯州的亿万富翁单独见面。他叫罗斯·佩罗，快人快语，面谈时他抛出一个又一个问题，而她冷静地一一作答，最终让罗斯相信这个计划是值得一试的。罗斯·佩罗就是她的第一批赞助人之一。

当募集到资金、启动她的组织后，温迪又要艰难地面对当团队领袖的挑战。第一批老师在南加州大学集合培训时，她选择尽量避开他们。当老师们在餐厅吃饭时，她就待在办公室里。这就好像请几十个人到你家来聚会，而你却一直待在自己的房间里。这些有追求的老师让温迪感到恐惧。后来，她把这八周的培训形容为生命中最漫长的时期。

几年中，温迪的组织在成长，她也明白自己不能一直是老样子——她必须超越自己。虽然她不喜欢与人见面，但这项事业需要她这样做。她不再逃避沟通，开始走出办公室主动与人交谈。大多数日子里，从早上 9 点一直到晚上 8 点，她都要参加会议——无论对内向者还是外向者来说，这都是很长的一段时间。之后，她会回家睡上几个小时，然后在黎明时分起床，这样，她就有几个小时的时间按照自己最喜欢的方式——独立的方式——工作了。工作让人筋疲力尽，但是她的努力得到了回报。"为美国而教"成为美国最重要的教育组织之一。

为阅读而战！

罗宾总能从老师那里听到这样的话："课堂上多发言！多跟其他同学交往！"实际上，罗宾更喜欢一个人或者跟某个好朋友待在一起，她特别讨厌人群。当不得不在学校做演讲时，她就会一直盯着地板，因为她害怕一旦与别人目光相交，她就会开始发抖。东拉西扯让她感到无聊，而和朋友在一起时，她们会深入地谈论自己感兴趣的话题：家庭、信仰和社会生活。

罗宾最大的业余爱好之一是阅读，她也喜欢写作和弹钢琴，但在需要"充电"时，她通常会躲到自己的房间，沉浸在小说里，她喜欢读从查尔斯·狄更斯到约翰·格林[1]的各种作品。她最好的朋友也是位书虫，对文学的热爱让她们走得很近。她们开始讨论怎样才

---

[1] 美国著名作家，曾获普利策新闻奖。——译者注

能把自己的热情分享给其他人。"我想：为什么不把书送给那些没有机会阅读的人呢？"罗宾回忆道。她的朋友觉得这是个好主意，于是她们开始搜索捐书的最佳渠道，想要找一家真正值得信任的慈善机构。

起初，她们在当地组织里寻找，但最后她们意外发现了一个非洲图书馆项目。开展这个项目的是一个非营利组织，它致力于帮助孩子把书送给缺乏书籍的学校。要加入其中，她们得收集至少1 000本书并筹到500多美元的运费。这个项目为她们选择了一个捐赠对象：一家位于马拉维的图书馆，马拉维是位于非洲东南部的一个小而贫穷的国家。

罗宾求助的第一个人是她的一个表哥。他是附近一所学校的校长，所以罗宾觉得他或许能提供一些好的建议。结果，表哥不仅给予她很好的建议，还同意从学校图书馆中捐出800册图书。他还鼓励罗宾联系她自己学校的校长，以帮忙完成这个项目。

请求表哥帮忙比较容易，他毕竟是家人，但是和自己学校的校长谈话完全是另一码事儿。在罗宾的学校，学生们每天必须穿校服上学。有一次，学校通过"不穿校服日"为慈善机构筹集资金，即如果学生捐赠10美元，就可以穿自己想穿的衣服。为时一天的"不穿校服日"活动肯定能够筹集到足够的运费，但首先，罗宾需要确保校长点头同意，可是她害怕跟校长谈话。不过，要想促成图书流动计划，求助校长是她最好的机会。

罗宾觉得，她对这个慈善组织了解得越多，就越能说服别人。于是她研究了这个组织，并且竭尽所能地了解她想帮助的人，包括马拉维的文盲率。她还说服朋友跟她一起参加与校长的会面，为她打气。校长对这名腼腆的学生倒是挺客气，然而不幸的是，他没有同意罗宾的想法。原来校长并不喜欢"不穿校服日"，所以也不同意搞一天这样的活动。

　　罗宾并不打算放弃她的计划。她找到学校的社区活动协调员，协调员提议举办几项别的活动。那个周末，罗宾和她的朋友们组织了"一分钱战争"的活动。她们在餐厅里摆设了两个捐赠箱，一个给女孩，一个给男孩。她们让同学互相挑战，看看哪个性别的同学捐的钱更多。罗宾的朋友们为此还做了宣传：她们制作了宣传海报，把它们贴遍学校和小镇的各个角落，请求人们捐钱捐书。罗宾还站在哥哥所在的童子军小队前，对着二三十个男孩和他们的父母讲话。她很紧张，但是凭着自己对这个项目的热情，她还是介绍了马拉维的文化水平之低以及她有多希望改变这一切。她讲完后，童子军队员们纷纷捐出自己的零花钱。

　　之后，书和钱陆陆续续地就位。经过 6 个月的辛苦努力，到那个夏天结束时，罗宾和同学们已经募集到 1 177 本书，但这需要大概 600 美元的运费，钱还不太够，她就卖了一些书给二手书店来凑齐这部分钱。然后，她召集了一些朋友和家人，把自己的家变成了寄件室，她们听着音乐，轻快地打包好 23 箱书，图书种类丰富多样，有儿童故事、教科书，甚至还有一本漂亮的地图册。

当罗宾最终把这些箱子送到邮局，交出她的劳动成果时，她感到如释重负，最重要的是，她感到很骄傲。这种骄傲转变成信心，让她对自己以及自己完成目标的能力有了信心。

改变世界，从改变社区开始

布莱恩外向，詹姆斯内向，两个人联合担任曼哈顿私立学校的学生会主席，他们性格互补，相辅相成，共同做成了一件伟大的事情（我们在第 8 章已经介绍了关于他们默契合作的故事）。在做学生会主席期间，他们组织了许多寓教于乐的项目，比如主题公园一日游、聚会和才艺演出等。但他们最骄傲的成就，或许就是推广学校的社区服务。他们想要鼓励孩子们参与到当地食品站的工作当中。为此他俩组织了全校大会，在 750 名同学面前介绍了食品站的工作以及为什么他们需要帮助。外向的布莱恩在台上鼓舞大家。"我讲着笑话，玩得很开心。"他回忆道。

内向的詹姆斯就没那么尽兴了。尽管很紧张，他还是上台讲话了。他向同学们解释说，最便宜的食品往往是最不健康的，所以纽约市那些住在低收入街区的人们常吃不上健康的食物。詹姆斯说，他们合作的食品站能提供免费的健康食物，但需要更多的志愿者。

在詹姆斯安静的激情和布莱恩惯有的魅力的感染下，三四十位同学报名当了志愿者。

成为孩子的导师

卡莉是一位内向的音乐剧演员,她就快毕业了。回顾过去——从小学到初中,从初中到高中,她转变巨大。她认为,高中的社区服务项目让她成长最多,让她意识到自己可以是非常慷慨的人。

她所在的学校要求学生在就读期间完成24小时的社区服务。"这绝对改变了我,"卡莉说,"我在规定时长之外还自愿多做了很长时间。"

在家乡佛蒙特州,卡莉在当地一个针对儿童和青少年的反药物滥用组织做志愿者,在课外和暑期项目中为从幼儿园到八年级的学生做顾问,目标是不带偏见地为有物质滥用风险的孩子们提供支持。

"我一直很认可这类组织宣传的事情,我觉得这些事情很重要。做孩子们的导师是很有影响力的,孩子们自己可能都没有意识到这一点。跟他们相处并帮助他们感觉很有意思。"在卡莉看来,是天生的安静性格使她成为一名优秀的志愿者。通过耐心地倾听,她能与孩子们产生共鸣。

因为自己也是内向的人,所以卡莉会特别关注安静的孩子。"内向者很多,有时我们会在做集体活动时把腼腆内向的孩子们分在一组,这样他们就能够意识到有其他孩子和自己一样,他们其实并不孤单,他们有朋友。在暑期项目里,我们每天吃完午饭都去游泳,这是他们很期待的乐事,他们可以和朋友们一起,也可以自己待着。

有些孩子只是玩玩沙子或者看看书,我完全了解那是怎么一回事儿,所以我不会阻止他们。"

安静地改变世界

在本书开头的内向者宣言中,我引用了圣雄甘地的话。这位瘦小而平和的圣者,坚持非暴力和自治,引导了一场改变历史进程的变革。1947 年,历经近两百年的压迫,印度终于从英国不公平的统治中解脱出来。而带领印度走向独立的,正是内向的甘地。

你不一定要为国家而战并改变世界。罗宾和卡莉这些年轻人的故事说明,你可以每次只改变一点儿,迈进一小步,而且不需要很外向就可以实现你的目标。以下提示将告诉你怎样以自己的方式做出改变。

寻找一件有影响力的事情。在追求远大志向的过程中,严峻的考验格外多,因此你需要确保选择和你有深度共鸣的事业。比如罗宾热爱阅读,她就选择了图书馆项目。对你来说,你可以选择完全不同的事情。

发挥你的力量。当温迪为改善全国最贫穷学校的状况而努力时,她选择从调研入手——对她来说,这是自然而然的选择。她投身于这项事业,学习所能学到的一切。拥抱你安静的力量吧。

建立有意义的联系。找到可能希望与你共同努力的人。你不必认识很多人,少数深刻而真挚的关系,远远胜过许多肤浅的联系。

伸展你的性格"橡皮筋"。尽管你需要依靠自己内向的力量,但无疑有时你也需要离开自己的舒适区。罗宾站在了童子军队伍面前；詹姆斯集合了全校同学招募志愿者和募捐；温迪学会了接受自己领导者的角色，并更直接地和员工接触。有时这并不容易，但不容易也没有关系——你能做到！

坚持不懈。做对的事情是需要付出努力的，时常会出现困难让你怀疑自己。罗宾不得不面对那位对活动漠不关心的校长；温迪在筹备她的组织之时，经受了无数次拒绝；而罗莎·帕克斯靠着非凡的勇气，拒绝向法律的压迫低头，为整个群体站了出来。这些人相信他们的使命，于是奋勇向前，直到成功。

第 13 章

站在聚光灯下

提前充分准备表演内容，按照自己的节奏逐渐适应

尽管内向的人可能不喜欢大喊大叫或是引人注意，仍然有很多年轻的内向者找到了自己上台表演或者向他人展示才艺的方式。站上舞台的过程对每个人来说都不一样。有些内向者并不害羞，也确实享受在聚光灯下的时刻，他们感到自己有足够的能力记住台词，与观众互动。有些人则很害羞，除非他们是在饰演一个角色。"台上的人不是真正的我。"他们说。另外一些人则感到恐惧，但是他们会咬紧牙关逼着自己走上台去。

但还是会有人不愿站在舞台上，那也没关系。你知道的，我花了几十年时间才适应演讲。为了你自己的感受着想，我希望你比我适应得快，但是你应该按照自己的节奏前进。同时，我想向你介绍一些年轻的表演者，他们的故事可能会引起你的共鸣。

卡莉认为自己非常内向，但是她并不害羞，她总会积极参加课外团体活动。她大学一年级时加入了学校合唱团，甚至还在卡内基音乐厅和林肯中心表演过。整个高中期间，她都坚持参加团队体育

活动。

因为有合唱团的经历,她大学四年级时成为学校春季音乐会的主演之一。当她在合唱团里唱歌或者在操场上参加团队运动时,她都觉得很舒服,但是现在她要站在聚光灯下背一段独白,还有独唱!这个任务就可怕多了。但是卡莉的学校有一个很厉害的艺术团,导演和编导都在百老汇受过培训,能得到他们对她的表演和演唱的反馈,让她感到很兴奋。

演出共有五场,所有的票都卖光了。第一晚非常忙乱,但让卡莉吃惊的是,凭借过去在合唱团和运动队的经验,她不仅出色地完成了表演,还克服了紧张。

"别人给了我一个绝妙的建议,那就是不要看观众,而是要看楼厅或灯光室。到第二场演出的时候,我就忘记紧张这回事儿了。我认为运动员的经历对我很有帮助。导演一直告诉我们说,体育运动和戏剧表演实际上是相通的。你必须进行大量的练习,而且从某种程度上说,在观众面前比赛就像一场演出。"

利亚姆也是一个热爱表演的内向者。他上一年级的时候就已经是戏剧迷,从那之后,每年他都在学校话剧表演中饰演搞笑角色。但他不觉得自己是班上的小丑,他的喜剧技巧一般只会在表演中展示出来,而非日常生活。"一般情况下我很安静。在表演中令观众发笑对我来说更有意思,但是在聚会上和教室中,我不会讲那么多笑话。"对利亚姆来说,当他扮演某个角色时,做一个外向和有趣的人很容易,这是他的任务,他非常清楚该做什么。在舞台上,他对角色有明确的感受。

而走下舞台，面对面地谈话，对这些年轻的演员来说，有时就没那么容易把握分寸了。尽管利亚姆喜欢班上大部分同学，但他还是更喜欢和自己最好的朋友埃利奥特单独待在一起。他俩从一年级就认识了，因为都喜欢喜剧，所以他俩很要好。聚在一起时，他们有时不光是聊天，还会用利亚姆的平板电脑录制视频。视频的主角有时是他们俩，有时是利亚姆的宠物，包括两条狗、一只乌龟和一只猫。

"我们假装拍广告或者编故事。我们会给其中一些写简单的脚本，但大多是即兴发挥。了解喜剧之后我想做得更好。我喜欢读那些让我发笑的书，也爱看优兔用户制作的有意思的视频或短剧。"他俩制作的视频在优兔一发布就受到很多观众的喜爱，这让他们激动不已。

无论是在舞台上还是在网络上，利亚姆的喜剧才能都得到了积极的反馈，这让他有信心尝试一种完全不同的表演：打架子鼓。"我喜欢架子鼓，但是练习很辛苦。练习的时候并不总是开心的，但对我来说最有意思的部分是听到自己慢慢在进步。想到能向大家展示我打得有多么好，我就很兴奋。"

最完美的展示机会，就是加入学校摇滚乐队，并在学校年度音乐节上表演，届时所有家长都会来。每个人都害怕演出失败，但利亚姆说："我们演出的声音太大了，大家注意不到那些失误。"他边说边咧嘴笑了。现在，除了喜剧演员以外，这个内向的人可以把"音乐家"纳入自己的身份标签当中了，而他的身份标签还会越来越多。

光芒闪耀：一个害羞的内向者的成长

卡莉和利亚姆在内向者中属于不太害羞的。尽管他们在多数情况下更愿意独处或跟好朋友待在一起，但内向的性格并没有阻碍他们在别人面前展现自我。但是来自佐治亚州的男孩瑞恩不仅内向，还很害羞。对他来说，适应聚光灯需要几年时间的练习。虽然他也参加才艺表演，但他从来不觉得自己的演出很棒。

尽管如此，舞台还是吸引了高中时代的瑞恩。那时，他加入了戏剧俱乐部，并在以美国内战为背景的舞台剧《安德森维尔审判》中饰演了一个角色。对表演的紧张使得他仔细研究自己的角色。在剧中，瑞恩扮演安德森维尔监狱的一名犯人，曾有13 000名犯人死在这所联邦监狱里。在第一次彩排中，瑞恩读台词时并没什么感受。之后，戏剧俱乐部成员到监狱进行了实地考察。一到那里，瑞恩就开始想象作为犯人被关押在这里会是什么感受——住在如此肮脏的环境中，周围不断有人死去。此后，他对自己扮演的角色理解得更深刻了。站在舞台上正式演出时，他不再是简单地背诵台词，而是专注地想象自己真的身处监狱之中，几乎让自己化身成为那个犯人。

瑞恩觉得，从某个角度来讲，舞台表演要比才艺演出更容易。虽然灯光和观众的注视依然让人害怕，但是他会仔细研究角色，以至于不再感到自己是站在舞台上的那个人——是他扮演的角色站在舞台上，而不是瑞恩自己。结果证明，他安静的观察力和共情的能力，成为促使他出色完成演出的动力。

内向的表演者

尽管在他人目光的注视下我们常常会紧张，但是瑞恩、利亚姆和卡莉的故事证明，内向者并不只满足于坐在观众席上。有时候，我们确实会感受到聚光灯的吸引力，想要得到关注和掌声。我们的洞察力可以成就精彩的演出——我们能注意到什么管用什么不管用，并能意识到如何改进。

事实上，过去几十年里，很多伟大的表演家都是内向的人。正如之前提到的，碧昂丝为人熟知的形象是极其自信的天才歌手，但是在采访中，她形容自己"害羞内向"。迈克尔·杰克逊也一样，人人都知道他是"流行音乐之王"。他可以面对10万观众在舞台上表演"月球漫步"，而其余时间里，他喜欢在家里待着，跟好朋友和家人在一起。尽管优秀的喜剧演员在人们眼中是喧闹的小丑形象，但是喜剧演员兼剧作家史蒂夫·马丁承认："实际上我很害羞，太多的关注让我感到不安。"[39]

我们还可以看看艾玛·沃森，在"哈利·波特"系列电影中，她给人以友好外向的印象，她扮演的赫敏·格兰杰经常站出来为自己和朋友说话，但是沃森却自认为是内向的人。"意识到这一点让我感到释然，"她在一次采访中说，"因为以前我觉得：'天哪，我一定有问题，因为我不愿意出门做我那些朋友都想做的事情。'"

"如果我不得不处在公众的注视下，"沃森继续说，"我希望是为一些有价值的事情。"[40]她也正是这么做的——2014年，她担任联合国妇女署亲善大使，勇敢地站在联合国的讲台上，为呼吁性别平等而演讲。

内向的表演者，看起来这似乎有些自相矛盾，但是儿科医生玛丽安·库兹亚纳基斯认为，对内向的演员、音乐家和喜剧演员来说，演出与其说是一种选择，不如说是一种必需品。"无论他们唱歌、跳舞还是表演，他们都有一种才能和热情，急需表达出来。如果处在公众视野下是最好的表达灵魂的方式，那么有些人就会觉得冒险的感觉很值得。演出之后，他们又可以回归真正的自己，必要时，他们可以在独处中重新获得能量。"

从合唱到独唱的跨越

14岁的维多利亚一直很喜欢唱歌。她聪明、勤奋，也很矜持。她经常报名参加学校的音乐剧演出，但是从来没有担任过领唱。像瑞恩一样，聚光灯也从来没有照向她——她喜欢躲藏在合唱团中。"我要确保自己在人群后面。"维多利亚说。

接下来，她将面临一个非常严峻的挑战。

维多利亚的妈妈在音乐剧演出当天有一个很重要的会议。她答应维多利亚可以推掉会议前来观看，但有一个条件：维多利亚必须拿到一个独唱的角色。妈妈厌倦了从合唱中辨认女儿的声音，她希望维多利亚知道，自己相信她，也希望维多利亚能够自信地展示自己的才能。

维多利亚决心一试。"我想向人们展示，我的确有音乐天赋。"她回忆说。音乐剧剧目是史蒂芬·桑德海姆的《拜访森林》，里面角色众多，因为维多利亚还没准备好做领唱，她就尝试了灰姑娘的仙女教母这个角色。出乎她的意料，她得到了这个角色，但同时她立刻感到了紧张——她不得不唱女高音，这比她的音域要高好几个调。而且按照剧本，她还必须被悬在舞台上方近两米高的地方！这跟合唱太不一样了！

然而，正如前面提到的其他孩子，维多利亚内向的一面让她表现出色。通过深入挖掘角色，瑞恩展示了他善于思考的优势，而维多利亚则展现了内向者专注练习的力量。为了唱好高音，为了那一刻让所有眼睛和耳朵都完全注意到她，她练习了好几个月。"演出前那一整个星期，我一直都觉得自己会演砸，怕得发抖。"她说。

不过，她发现能够当主演之一，感觉很美妙。光是拿着麦克风就让人兴奋。尽管她很害怕，一切还是进行得很顺利。"当我上台时，什么也没有发生，我非常冷静。"

看到妈妈就在台下坐着，骄傲地看着她，维多利亚唱出了所有的音，完美地演绎了自己的角色。观众席上的男孩女孩都被她惊艳到了。"她居然会唱歌！"妈妈听到他们说，"你们知道吗？"

自由特质理论

作为一名研究型心理学家，布赖恩·利特尔博士潜心研究人脑和情绪的复杂运作方式。几年前我认识他的时候，他在哈佛大学任职，是校园里最受喜爱的教授之一。在大家看来，他充满热情，特别关心他人。在大学里，教授们有固定的办公时间，学生们届时可以前去找教授谈论一些关于课堂的或者私人的问题。在利特尔教授的办公时间，等待的学生可以一直排到大厅，好像他在免费发放"超级碗"比赛门票一样。

在学生面前，利特尔表现得像外向者一样；但私下里，他很内向，喜欢独处。内向者有可能同时做到这两点而不必伪装或改变吗？我觉得你会发现答案是肯定的——只要你是为了自己真正关心的人和事而拓展你的舒适区。

基于亲身经历，利特尔教授提出了一个心理学上的新理论——"自由特质理论"（Free Trait Theory）来阐述这个道理。[41]根据自由特质理论，我们生来具备某些特质，但是我们也会在真正需要的时候，在我们完成重要事情的过程中，获得新的特质。因此，并不是只有外向的人才会在舞台上展现魅力，也不是只有内向的人才可以安静地坐下来，研读网络文章或者花几个小时练习一种乐器。

让我们回到赫敏·格兰杰的例子，这个外向的角色由内向的艾玛·沃森扮演。在"哈利·波特"系列小说中，赫敏总是急切地要在课堂上发言，这似乎与她对阅读的狂热形成反差，但在学习的时候，她就是自由特质理论的一个例子。对知识的热爱促使她坐下来，一个人如饥似渴地阅读。利特尔的理论适用于我们每个人，它表明我们在受到鼓舞的时候可以展现出相反的性格特点。

而我自己站在聚光灯下的故事，就证明了自由特质理论的正确。现在，我经常在成百上千的观众面前登台演讲。我面带微笑，走来走去，做着各种手势表达自己的观点，用灵魂中的能量和热情演讲。在一大群人面前谈论内向可能听起来令人吃惊，从别人看我的眼神中，我可以看出他们认为我是个外向的人。我在舞台上看起来很自如，有时候我会让大家发笑，这种感觉很棒。我之所以能做到这些，是因为我非常在意自己所讲的内容。我热爱安静的孩子和大人们，并且我坚持认为我们需要被认可。谈论这些让我感到高兴！

我以前并不像现在一样能适应聚光灯，这自不必说。我永远不会忘记八年级时的一堂英语课。那时候，我在班上有几个好朋友，因为身边都是熟悉的面孔，所以我就比较放松，在课堂上发言较多，老师完全不知道我很腼腆。有一天，我们正在学习莎士比亚的《麦克白》，老师突然把我和我的一个朋友叫上讲台，我立刻慌了——尤其是当老师让我俩表演一幕剧时，我要演麦克白夫人，我的朋友则会演麦克白，那位在劫难逃的苏格兰国王。我们的任务是表演其中一场关键的场景，不过我们并不用照本宣科，而是可以即兴发挥。

你可能觉得，这应该很有意思。有意思？对那时的我来说，要是有个地缝让我钻进去就好了！我的脸涨得通红，怎么也张不开嘴，浑身开始发抖，这让老师很意外，只好让我坐下来。直到下课，我再也没有说一句话。那天我走出学校，感到极其羞愧，因为我没办法轻松地上台表演。

我的老师很有创意，换作其他同学，这个任务或许是一次精彩的试验。但是我的压力是如此之大，仿佛这是一个生死攸关的危急时刻。

如今，我知道这类对聚光灯近乎过敏的反应是可以克服的。

我甚至知道，我的内向性格在舞台上可以是一种优势。我只是希望当时的我能知道这些，也希望你在遇到相同的难题时能够得到帮助。

"洋娃娃"观众的神奇效果

对10岁的凯特琳来说，一想到在众人面前讲话她就会害怕。凯特琳非常害羞、内向，说话时声音极其轻柔，连家人都很难听清她说话，还有些人她甚至根本不会与其交谈。二年级时，面对不爱讲话的凯特琳，老师感到很沮丧，学校甚至建议把她安排到特殊教育班级中，但是凯特琳的成绩并不落后，相反，她每科成绩都名列前茅，她只是非常非常安静。

五年级时，班上每个同学都要做一个5分钟的口头报告。凯特琳非常紧张，所以她立即着手准备，她尽可能多地阅读与主题——阿梅莉亚·埃尔哈特相关的资料。完全掌握这个主题后，她做了幻灯片来展示这位勇敢飞行员的故事。演讲准备好之后，她的父亲参与进来。他和凯特琳一样性格内向，但是他掌握了小范围讲话的技巧——他是国际演讲会（Toastmasters）的一位忠实成员，这个非营利组织旨在帮助成年人在大量观众面前发表演讲。现在，他要把所有技巧传授给女儿。

父女俩把幻灯片传到笔记本电脑上，把电脑放在客厅正中。刚开始，父亲坐在凯特琳面前，她面对着父亲讲述阿梅莉亚·埃尔哈特的生平。接下来，父亲拿出10个毛绒玩具摆在房间四周。他解释说，那些毛绒玩具代表凯特琳班上的同学。凯特琳嘲笑他，觉得这又傻又孩子气，但是父亲强调这很严肃。父亲让她再讲一次，只不过这次她需要和这些毛绒玩具进行眼神交流。这样一来，当凯特琳真正演讲的时候，就能习惯环视观众，只是那时她看到的是老师和同学，而非毛绒玩具。凯特琳和父亲在这些"观众"面前练习了1个小时——足足有12遍！几天以后，凯特琳在班上发表了一次精彩的演讲，一个失误都没有，并且得到了高分。

凯特琳的故事揭示了在聚光灯下表现出色的一个重要因素——充分的准备。在八年级的那节英语课上，我并没有机会准备莎士比亚的那场戏，但是后来我了解到，练习其实可以让人对任何事做好准备。

2012年，我受邀来到加州，在一场大型TED会议中发表演讲，观众有1 500名之多。一开始，我感到很紧张，但是那时，我已经为成长为一名更好的演讲者进行了一年的训练。像凯特琳的父亲一样，我加入了国际演讲会（后来，他们还授予我一个公共演讲的奖项！）。我在TED演讲教练的帮助下进行练习。我甚至见了我的私人表演教练，以帮助我在表达自己时更加自信。他教我如何使用肢体语言，如何让语调抑扬顿挫，甚至给我一些可以在日常生活中用于演练的道具。

而当演讲真正到来时，我依然感到紧张。观众席中，有微软创始人比尔·盖茨、前副总统艾伯特·戈尔，以及女明星卡梅隆·迪亚兹。但是我准备好了，我的演讲非常成功。这段经历在我的印象中很模糊，但是别人告诉我，当时观众起立为我鼓掌，而且在一周之内，我的演讲在网上的点击量超过100万次。我的经验其实很简单，而且它不仅适用于会议演讲，也适用于话剧表演、才艺展示和类似凯特琳在五年级课堂上的那场演讲，那就是，我的成功并不是与生俱来的，我成功是因为我有所准备，而我有所准备是因为，作为一个内向者，我不得不这样做。

如何在聚光灯下大放异彩

下次你不得不面对观众表演时，记住下面这些提示。不要担心自己是否能在聚光灯下"幸存"下来；如果按照以下步骤做准备，你就可以绽放光彩。

做好准备。在演出或演讲前，你准备得越充分，在观众面前就会越自信。首先，要掌握内容，然后开始练习。在镜子面前排练你的演讲或表演，或者录下一段视频，然后回放看看自己做得怎样。通常你会发现，自己听起来或看起来比想象中要好得多，而认识到这一点会让你感觉更好。

研究专业人士的表演。可能的话，在网上找一些专业人士的范例。努力找到那些和你个人风格相似的人，观察他们如何站立、走动以及变换声音，但是要保持自己的风格。如果你有很强的幽默感，那就利用这一点，但是如果你比较严肃，就没必要把自己变成喜剧演员。要把注意力集中在分享或严肃或有趣的故事上，扣人心弦的演讲的关键就是：在台上完完全全做自己，并且传达真正有意义的内容。

慢慢加大压力。一开始先自己练习，然后逐渐面对几个朋友和家人练习。每一次都为自己的紧张度"评级",可以在 1 到 10 的范围内衡量。你应该在 4 到 6 的紧张范围内练习,而不该处在 7 到 10 这个范围。如果这意味着你需要在一堆毛绒玩具面前而不是一群人面前演讲,那也没有关系。

熟悉环境。可能的话,提前参观你的演出场地,不管那是礼堂、教室,还是你不熟悉的全新环境。想象观众的样子,想象有几十双甚至上百双眼睛看着你是什么感觉。如果你觉得紧张,那就努力在朋友或家人面前练习,他们会支持你,让你感到安全。

呼吸。到了表演的时刻,开始之前先深呼吸,然后在演讲、唱歌或表演时继续暗暗地深呼吸来自我放松。缓慢地、深深地吸进空气,这样你的肚子会像气球一样膨胀,当你呼气时,气球会瘪下去。用鼻子吸气,在感到舒适的情况下尽可能地屏息,然后用嘴巴呼气。这个建议或许老套,但是很管用!

微笑。这是一个最简单也最重要的技巧。微笑可以很好地活跃气氛。无论你有多么紧张不安,开始之前都请对观众微笑。提醒自己讲话的时候要微笑,结束的时候也要微笑。这会让你感到更放松更自信,也很可能引发观众席中的人对你报以微笑,这会让你感觉良好。

交流。在演讲中,和一些友好的观众建立眼神交流。如果有人做鬼脸、打哈欠或者看别处,那就继续寻找更有精神、更认真听讲的观众。如果有人看起来对你的演讲很感兴趣,就可以看着他们的眼睛,这会让你出奇地自信。

看得更远。做领导者不仅关乎你自己,也关乎你所领导的人。

问问自己,他们是谁?你应怎样更好地为他们服务?你应怎样更好地教育、帮助他们,让他们感到更舒适?记住,他们不是来评价你的,他们是来向你学习的。把自己当成榜样来帮助他们,向他们介绍新的观念!

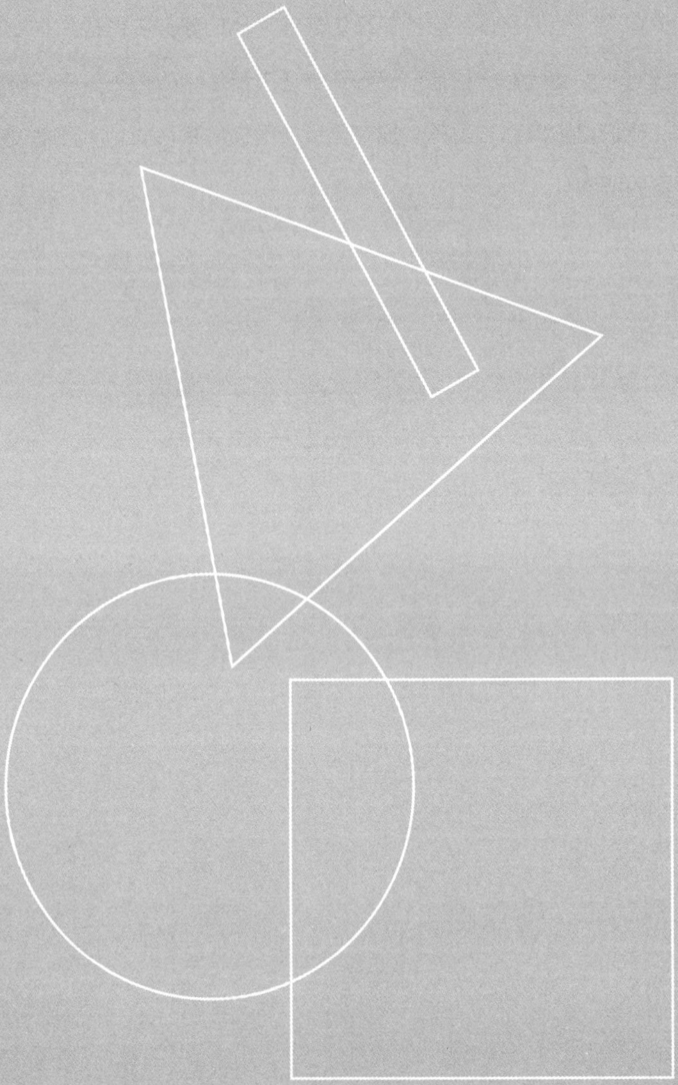

第四部分

安静地融入家庭

漫长的一天结束后,内向的孩子需要安静一会儿——把世界的喧嚣关在外面,与自己的思想和感受相处。他们有不被打扰的需求,但也要尊重家人的感受,并学会在遇到困难时寻求家人的帮助。这就是家人存在的意义!

第 14 章
恢复壁龛[42]

在家里辟出一个安全空间,用来清醒头脑,做回自己

卧室、阳台、篮球场、图书馆一角、小学时的树屋、朋友家的地下室,这些都被人们列为"安全空间",是可以进行休憩和恢复能量的地方。这种安全空间,也叫作"恢复壁龛"。

还记得小时候搭建的秘密堡垒吗?有时候是用被子和枕头搭的,有时候是搭在高高的树上的,这其实就是恢复壁龛的雏形。找到你的空间!它不必非得十分隐秘或固若金汤,但是它必须让你感到安全、舒服、不被打扰。恢复壁龛不拘大小,它可以像你卧室的椅子那样小小的近在眼前,也可以像海边的沙滩那样开阔宽广。

"恢复壁龛"这一表述出自布赖恩·利特尔,就是我们上一章提到的那位哈佛大学心理学家。他用恢复壁龛指代这样一种物理甚至心理空间:它把世界的喧嚣关在门外,让你跟自己的感受和思想独处,让你在与人相处了漫长一天之后得以复原。恢复壁龛让你可以回归自我。正如我们已经讨论过的,内向者对于外界刺激异常敏感,而在恢复壁龛里,我们可以找到自己最为舒适的刺激强度,并找回

能量。进入恢复壁龛,就好比按下我们的"重启键"。

百变的空间

几年前,我去俄亥俄州一所学校做关于内向者力量的演讲,一个名叫盖尔的学生在我分享的故事中看到了自己的影子。随着对内向的了解的加深,她开始理解自己为什么会在那些据说很欢乐的场合里感到局促不安,而在独处或是与三两好友相处时却怡然自得。恢复壁龛这个概念更是让盖尔眼前一亮。

她发现,自己的生活中并没有这样一个空间。在家时,大部分时间她都待在客厅,可电视老是开着,她没法安心地做白日梦、看书或者写作业。她有自己的卧室,不过那里总是昏暗而杂乱。

听到恢复壁龛这个说法之后,她决定做些改变。如果要让卧室成为她的庇护所,成为她可以清空杂念和回归自我的地方,那它就需要更令人愉悦一点儿。她把衣服挂好,把旧报纸扔掉,接下来,她要解决照明问题。她把家里的旧圣诞彩灯钉在天花板上,让它们缀满整个房间,再接通电源。这一改变如此简单,却让整个房间有了光彩和情调。盖尔顿时兴奋起来。

洛拉的恢复壁龛是她的卧室。"我喜欢自娱自乐,在网飞上看稀奇古怪的纪录片,或是锁定一位导演,看一堆他的电影。我喜欢即兴做一些调查,研究事情的究竟。我需要空间来放松和给自己'充电',这是必须的。就像人们出门之前会给手机充好电一样,我自己也要'充电'。"

洛拉的恢复壁龛还会随季节而变。冬天,洛拉在卧室"冬眠"。

夏天，她的这一空间就转移到滑冰公园或防火梯，外加一份冰沙、一本书。

你需要的是恢复，而不是逃避

布赖恩·利特尔本人也经常用到恢复壁龛。虽然他常常发表激动人心的演讲（观众听完往往起立鼓掌），但他发现外向的活动总是让他筋疲力尽。他的演讲风趣又有见地，从政府官员到学生，观众无不心满意足。不过演讲过后，他通常需要回到一个安静的地方，独自待上一会儿。

几年前，利特尔应邀去加拿大蒙特利尔附近的圣让皇家军事学院做演讲，学院就坐落在黎塞留河畔。利特尔的演讲备受好评，结束后，主办方邀请他共进午餐。利特尔不想失礼，可是他知道自己在说了那么多话之后需要独自待会儿，于是他撒了个小谎，说自己对船情有独钟，希望他们不介意让他在午餐时间沿河漫步。他们欣然同意，而且好在没人跟利特尔有这种（胡诌的）共同爱好，所以留下他独自一人散步。午餐回来后，他元气恢复，又能做下一场演讲了。

利特尔的演讲是如此成功，以至于那所学校每年都邀请他。每一年，利特尔都用要去河边漫步的借口来在两场演讲间恢原精力。可后来，学校搬到了市区，利特尔再去演讲时，就没有河畔充当庇护所了，于是午餐时，他只好溜去洗手间——没错，他发现跟同事吃饭还不如站在隔间里来得让人放松。有时候，他甚至会在里面抬起脚来，以防别人认出他的鞋子后跟他隔门对话。

对内向的人来说，"恢复壁龛"至关重要。在漫长的一天里，我们要面对学校、家人和朋友，我们非常渴望这种"停机时间"。可是，儿童和青少年却难得有机会独处。想想前面提到的露西：结束了一整个上午的强装外向后，她想要独自吃午餐，却遭到朋友们的质问，她们以为她在生她们的气，不理解她怎么会想一个人待着。最近的科学研究表明，她们的反应并非特例。对独处的偏好往往与中学校园的社交规则相冲突，因为这种规则看重群体和派系。在一项调查中，研究人员采访了234名八年级学生以及约200名高中生，发现初中孩子不赞成独处，而高中生对此则接受度更高。[43]

实际上，健康的、恢复性的独处与不合群行为有着重要区别。上述调查研究中的一些孩子喜欢独处，是因为他们缺乏与同龄人互动的社交技巧，我就曾收到有类似困扰的孩子的来信。

上初中时，贝莉每天都在洗手间隔间里独自吃午餐，但这其实并非布赖恩·利特尔提倡的那种休憩。贝莉的行为是一种逃避——逃避餐厅、社交圈，以及同学们的眼光，这些都让她不知该如何是好，最后她实在不能忍受，干脆离开一会儿。幸好，贝莉最终能够直面自己的恐惧。经过锻炼，她掌握了一些技巧，既能顾及自己，又能与周围人互动。看到这两者之间的区别非常重要：我建议大家寻找自己的恢复壁龛，而不是逃避空间（尽管每个人都有需要逃避的时候）。恢复壁龛必须是一个我们可以休息、放松并"充电"的地方，这样我们就能够面对每天的常规压力了。

最容易开拓空间的地方大概还是家里。在学校，撤退就要付出社交代价；可是在家里，只要说明自己有独处的需要，你往往就不会被打扰,且不必担心受到指责(我们在下一章会进一步讨论家庭生活以及家人)。

除了放松和恢复,开拓合适的空间还有其他好处。还记得柠檬汁实验吗?实验表明内向者对外界刺激更为敏感,而且研究发起人、科学家汉斯·艾森克还相信我们都有最适合自己的刺激度。因此,外向者也许更追求热闹和人群,内向者则找寻安宁和清静,我们这样做不仅仅是为了放松,还是为了让自己头脑清醒。

在另一项有名的研究中,内向者和外向者要按照要求玩一个颇有难度的字谜游戏,他们都戴着耳机,耳机里随机播放一阵阵噪声。当受试者被允许调整噪声音量时,内向者选择的音量水平要低于外向者。两组受试者都表现得很好(这再一次证明了性格倾向无所谓好坏的观点。大家只是"不同",因而敏感点不同),不过,当内向者的耳机音量被调高,而外向者的耳机音量被调低时,两组受试者的表现都比之前要差。

这就说明我们都有各自的最佳刺激度,我称它为"甜蜜点"(sweet spot),它是环境中各种因素恰到好处的组合,比如刚刚好的音乐、完美的音量,甚至理想的灯光和温度,还有人群。一旦我们找到了那个甜蜜点,内心就会更加明澈,也就可能更加快乐。

搭建孤独堡垒

即便是超级英雄,也需要"恢复壁龛"。想想蝙蝠侠,那位披着斗篷的正义战士,与邪恶力量大战一夜之后,他就会回到自己的"蝙蝠洞"——一个洞穴似的地下空间。他可以溜进韦恩庄园的任意一个房间，关上房门，可"蝙蝠洞"才是他能真正做自己的地方。而且，他并不是唯一一个拥有宁静藏身洞穴的超级英雄——即便是超人也需要休息。当这位肩负人类安全重任的外星人感到压力太大时，他会飞回自己的冰洞，也就是他的孤独堡垒里。

我们既然既不会飞行也没有蝙蝠车，就得在家里或是别的什么地方搭建我们的孤独堡垒——一个让我们感到舒适安全的地带。比如拉杰（就是我们在第 5 章提过的那位数学小天才）内向的姐姐鲁泊尔，她总是一放学就直奔自己的房间，在那儿待上个把小时，听听音乐、看看书，或是写家庭作业。虽然她的妈妈热切地想听她说说学校的事儿，可妈妈知道这份独处的时光对女儿来说很重要。鲁泊尔需要时间来恢复，通常一小时后，她就会心情愉悦地从房间里出来，愿意聊天了。

拉杰则有所不同。他也会在放学之后轻松一下，不过他不需要一个人待着。他总是坐在厨房边上，静静地看书或打游戏。他话不多，而且他的妈妈很自觉地不去打扰他。这儿就是他的"恢复壁龛"，他是那种不太喜欢自己待着的人，所以他的空间就在妈妈旁边。

你对私人空间的选择取决于你的居住环境和你的个人需求。明尼苏达州的七年级学生泰勒觉得，只要周围绿树环绕，任何户外空间都可以满足他。大自然让他感到宁静和安稳。泰勒平日里要去一所学生众多的学校上学，只有他的两大爱好——钓鱼和打猎能让他得以安静，而且要求他必须安静。"一到夏天，我和我的父亲、祖母就会清早出门，徒步打鸭子或划船钓鱼。我们需要喷上驱蚊水，全神贯注,一声不响。"他说,那片树林和湖泊,空间辽阔、空气清新,让交友和学习的压力荡然无存。

他另一处放松的场所是半空中。泰勒家有幸拥有一个大院子,院子里有个蹦床。每当他想释放压力,就会一边蹦床,一边极目远眺,以此来恢复能量。

而对于游历世界的丽塔来说,她家的后门廊就是最棒的休憩场所。她不需要独处,只需跟家人坐在一起。有时候他们也会聊聊天,不过通常只是坐着,听听树林间的风吹鸟叫。

诺厄觉得,在他的整个高中时代,地下室就是他的"恢复壁龛",他在那里打电子游戏。父母不明白他怎么那么爱玩游戏,担心他是在逃避现实。可是对诺厄来说,游戏中的故事实在鼓舞人心。他发现游戏不仅刺激他成为更好的游戏玩家,更是多方位地激发了他的创造力:他因为游戏而喜欢写故事,还给它们配插图。

在"恢复壁龛"里待着让人放松,也能开拓你的兴趣爱好,但最重要的是,它能让你做回自己。

戴上"恢复耳机"

要是你在家里没有任何隐私或完全不得清静,那该怎么办?对于卡琳娜来说,隐私特别重要,因为她跟姐姐同住一屋,屋门从来不锁。卡琳娜的清静时光,就是一边戴着耳机听音乐,一边写短篇小说的时间。要是姐姐太吵或是挤占她的地方,她就去后门廊看书。要是厨房里没人,她就一边烤布朗尼蛋糕,一边在笔记本电脑上看电视节目。

要是哪儿都吵,她就在脑海里造一方清静之地。"我觉得我会下意识屏蔽周围的人和声音。没有人可以进入我的大脑,这让我感到安全。"

当没法躲到恢复壁龛中时,你可以使用"恢复物品"。有些孩子甚至能在拥挤的校车上觅得清静。来自新泽西州的少女朱莉说,很多人以为她有起床气,因为她在车上时总是满脸不高兴,上车后压根儿不理别人。其实她并不是心情不好或不讲礼貌,只是刚刚起床,想要静一静,好为繁杂的一天做准备。所以她总是坐在车窗旁,戴上耳机,听着音乐,看着窗外掠过的车辆、树木和楼房。尽管身边孩子众多,但就像戴着耳塞的戴维斯那样,朱莉沉浸在自己脑海中的宁静世界,为这一天的开启做准备。

如何打造恢复壁龛

你可以躲进自己的房间里(像盖尔那样)、一本书里、一首你正在写的歌里,甚至洗手间隔间里(像利特尔博士那样)。一天当中,我们都需要一些安静的恢复时刻,如果你已经找到你的恢复壁龛,那就好好珍惜吧;如果还没有找到,你可以参考以下几条建议,打造一个自己的小空间。

卧室庇护所。自己的房间通常是退避休憩的最佳地点。你可以考虑做些简单的改变,让卧室变得更舒适,就像盖尔打扫卧室并安装圣诞彩灯那样。

安静的角落。对有些人来说,独享卧室是种奢望;或者,有些人置身于热闹的校园里，想要在午间给自己充电。在这些情况下，你可以找一个安静的角落，坐下来、翻开书、听听音乐，或者只是闭目养神。

大自然。树林是极好的休憩场所，因为树木是一道物理屏障，将你和人群隔离开来，并且它们天然地会令人放松。或者，你可以尝试一下布赖恩·利特尔的方法：在户外走一走，甚至只是在操场或院子里转转。这些都是很好的放松途径。

你的头脑。当你被困在人群中——在车上、咖啡馆或是兄弟姐妹扎堆的家里时，你可以在头脑中打造你的"避难所"，比如戴上耳机、看书，或者只是闭上眼睛，注意自己的呼吸。

适宜的活动。一些让自己放松的事情也能起到恢复壁龛的作用。不管是打游戏、蹦床、淋浴还是做饭，腾出时间来做吧。（也要记得吃好睡好，每天至少睡 8 小时，这对外向者也同样重要！）

图书馆。徜徉在书海之中，既免费又令人放松。

户外场所。要是你觉得人群太过喧嚣，或者很久都没能清静一下，不妨换个地方待会儿。拿不准时，就去洗手间待会儿。任何能让你放松下来、重新振作的地方都可以。

找到你的孤独堡垒

毯子"堡垒"	书的"长城"	纸箱"营房"
阁楼"瞭望台"	树枝"塔"	马桶隔间"地堡"
废弃电话亭"藏身处"	最高机密总部	远离尘嚣

第 15 章

动静相宜

设定相处规则，找到自己所需和家人所需之间的平衡

一年夏天，珍妮，也就是前面提到的那位腼腆的游泳运动员，连着忙碌了好几个星期。一开始，全家人一起去参加一个朋友的周末生日派对。那个周末真是热闹极了，谁都对珍妮问长问短。"她不停地说她想自己待一会儿，"她的妈妈回忆道，"她说想休息一天。"可是日程早就定好了，从派对回来的那天早上，珍妮就又启程去参加长达一周的野营——不是我小时候参加过的那种"闹疯疯"的野营，不过也好不到哪里去。营地里到处都是兴致勃勃的外向孩子，珍妮尽力装出一副天生外向健谈的样子，好显得合群。等她回到家，家人们都迫不及待想听听她的野营趣事。"我们一星期没见到她了，"她的妈妈说，"我们满心期待，什么都想知道。"

她的家人准备了家庭聚餐，还有一部适合一起观看的电影，然而不幸的是，集体活动是珍妮此时最不想做的事了。"她迫切地想要自己静一静，可我们耽误她太久了，"她的妈妈说，"那天晚上，她好像崩溃了一样。"

结果就是怒吼、尖叫、摔门式的大爆发——这种情景，或许你并不陌生吧。爆发不见得是坏事，内向者喜欢把什么都憋在心里，所以偶尔发火宣泄一下情绪，反倒会觉得特别痛快。那是一种巨大的释放，就像给气球放气那样。

然而，珍妮和她的妈妈都知道，这种反常的崩溃行为本来是可以避免的。那之后不久，妈妈找珍妮谈心，认为她"想要充电的时候就要充电"。妈妈保证说，以后会尽力注意珍妮是不是到了"极限点"，也希望她能在失控之前找到恰当的表达方式。

注意到这类习惯和情绪需要高度的自我觉察。珍妮已经十几岁了，她的妈妈觉得是时候让她承担更多的责任了，她知道自己的女儿已足够成熟。如果珍妮能够识别自己的需求，就能够表达需求，进而回到自己的"孤独堡垒"，在那儿休息。等出来时，她就神清气爽，没有脾气了。听起来很简单，对吗？不过，还有一个因素要考虑：珍妮是家庭的一分子，置身于家庭之中时，她就要考虑其他人的需求和感受，而不仅仅是她自己的。更何况，珍妮还有个妹妹，而妹妹的性格跟她天差地远。

做个好姐姐，难吗？

珍妮的妈妈很早就发现，尽管两个女儿年纪只相差两岁，但个性却相差好几光年。"珍妮像猫，艾米像狗，"妈妈解释道，"珍妮总想蜷在角落里独自看书，而艾米就像小狗，喜欢热闹。"艾米总想跟人待在一起，尤其喜欢跟着姐姐珍妮。

每当珍妮回房，想要清静一会儿时，过不了几分钟，妹妹就会来嘭嘭敲门。珍妮尝试做个好姐姐，可那实在太难了。"真得看我当时的心情，"她说，"要是我一整天都跟别人耗着，我就不太情愿说'好吧，咱俩一起玩吧'。"要知道珍妮只有十几岁，心情仍会强烈影响她的行为，有时候她只是不想哄妹妹开心。

对于珍妮、艾米以及她们的父母来说，问题在于怎样满足两个女孩各自的需求。在一次家庭度假中，这个问题有了突破。他们驱车一路开到哥伦比亚峡谷，一个从俄勒冈州蜿蜒至华盛顿州的仙境般的河谷。一路上，雨下个不停，他们原本的计划——游泳、航船、划艇、滑水、远足全都受阻了。珍妮倒不介意，她带了书和画板，很乐意在租住的屋里看书、画画。可是对艾米来说，这种天气真是太扫兴了。

最后，她们达成协议：在规定的时间内，珍妮自己看书，艾米不可以打扰她。不过艾米也有她的欢乐时光；珍妮答应跟她雨中游泳，而且说好了一定会开开心心地去，不会沉着脸。就这样两个人挺过了这次雨中之旅。第二年，她们的父母无意中想到了一个新的策略——他们邀请珍妮的一个好友同行，恰好那个朋友性格外向，这就满足了艾米对于互动的需求，同时珍妮也有了更多的独处时间。"邀请别人加入能减轻珍妮的负担。"她的妈妈说。出乎妈妈的意料，新加入的人非但没有减少两姐妹的相处时间，反倒有利于她们和谐共处。

实用的"开门策略"

正如我之前提到的，我是在一个不爱说话、爱沉思默想的家庭中成长起来的，我的每一位家人都处在"内外向光谱"上偏内向的那端,我知道很多家庭都是这种类型的。双胞胎姐妹索菲和贝拉之所以能在家里如鱼得水,一部分原因就在于她们家里的每一个人都很内向,都喜欢清静。"我们的心跳比较慢。"她们的妈妈阿曼达说。

卡弗一家则截然不同,他们家人的性格两边倒。妈妈苏珊跟其中一个女儿性格外向,而她的先生跟另一个女儿则性格内向。就像珍妮一家那样,卡弗一家也努力平衡着家人,甚至是夫妻双方不同个性的需求。以前,当她的先生不讲话时,苏珊会担心他不高兴;而当苏珊兴致勃勃想侃侃而谈时,她的先生却需要安静下来沉淀一会儿。大女儿玛丽亚随爸爸,小女儿加比则像妈妈一样健谈,总要找点儿刺激,找点儿好玩的,总要找人说话。

全家人为达到平衡尝试的方法之一就是"开门策略"——大部分时候,家里规定不可以关门,那会把其他家人关在外面。这一规定人人适用,不过有个重要的前提。"你可以界定别人在你房间里的活动程度,"苏珊解释说,"也就是说如果你在安静地看书,别人也可以进去安静地看书,不过他们不能进去放音乐或跳舞。"这就让玛丽亚和她爸爸能享有必要的清静,同时也给妹妹上了重要的一课。"我们想让加比明白,与人相处并不意味着要不断地交谈。"只是待在一起,在房间里陪他们坐着,其实也是美好的时光。

内向者与家人的相处之道

那么,内向的人怎么才能够跟家人永远快乐地生活在一起呢?珍妮、玛丽亚以及其他人的故事告诉我们,快乐来得并不容易,也并不是理所当然,但只要你遵循下面几条重要的提示,快乐的目标就能实现。

交流。偶尔关上房门没有关系，不过你要确保这样做不会伤害你深爱的家人，包括让你烦恼的弟弟妹妹。随着珍妮渐渐长大，她学会了如何告诉她的家人，她需要自己待会儿。

尊重家人的需求。正如我们内向的人希望别人能尊重我们对安静和独处的需求，我们也必须明白，我们的兄弟姐妹或父母也许有着与我们相反的需求。即便不情愿，我们可能还是得勉强自己去与他们聊聊天。家庭中，每个人的需求都是平等的，都值得被满足，这就意味着——

妥协。不论彼此有多少共同之处，你和你的家人必然还是有很多不同的方面。让一家人幸福的一个秘诀就是，找到你的需求和你家人的需求之间的平衡。家庭生活以及其他方向的生活，都是相互迁就的过程。

珍惜共处时光。家人通常就是你可以向其展示最真实一面的人，这份安心弥足珍贵，一定要留出时间跟家人待在一起，做回你自己。（你可以随时投入别的消遣，而家人并不是随时都在的。）

寻找家庭同盟。要是你的父母或兄弟姐妹不理解你，就跟表兄妹、爷爷奶奶或家族朋友——就是那些亲近且关心你、理解你，并能给你提供建议的人保持联系。

减轻负担。很多内向的人都喜欢独自应对挑战。遇到困难时，要寻求家人的支持、鼓励和爱。在需要的时候，请求家人帮助，甚至只是一个拥抱。这就是家人存在的意义啊！

结　语

　　小时候，我从来没听过"内向"和"外向"这两个词，可我真希望自己能早点儿知道性格科学和心理学，那样我就会明白我经历的其实都是正常的。从深层次理解自己是谁以及自我需求大有裨益，对此我深有体会。正是基于此，我才能从一个连当众说话都有困难的腼腆女孩，成长为一个成功的作家、一个在体育场做演讲的商业人士。本书涉及的研究以及我所了解到的很多年轻人的故事，都更加坚定了我的一个信念：自我意识非常重要。不论你外向或内向，我都希望本书中的故事和观点能帮助你理解你自己、你的朋友和家人，或是那些你每天在走廊里都会遇到的同学。

　　为写作本书做研究时，我和同事们采访了很多儿童和青少年，他们的反思令我们深受启发。其中一位是瑞恩，就是第13章里那位害羞的演员。他跟我们分享了他作为演员的一些经历，而且还发给我们一篇文章，讲述了对内向性格的理解怎样改变了他的人生。在这篇文章中，瑞恩非常深刻地思考了这个问题：身为一个安静的少年，意味着什么？我想在此分享他的文章结尾："现在，我不再因为内向而惴惴不安，它不是什么不能说的秘密，也不是需要遮掩的瑕疵，我不再拿外向理想型与自己对比，这让我感受到超乎想象的自由。"

来自俄亥俄州的彼得曾经有吸烟问题，他告诉我们："我习惯自己待着，这没什么好难为情的，实际上，我觉得这让我可以应对很多社交场合。很多朋友只有在确定哪些人会在场的情况下才会参加派对，可我不需要。我知道一个人的时候该怎么办，我有信心让自己有事可做、自娱自乐。"我很高兴地告诉大家，现在他不再需要在聚会时溜出去吸烟了。

洛拉，那个备受欢迎的内向女孩，也有同感。"有时候我会希望自己更擅长社交，就像别人一样。不过在这段过渡时期，我更愿意接纳自己，不去理会别人的社交生活如何精彩。我只想不断地接纳自己本来的样子。"

不管你内向还是外向，我希望这本书能拓宽你的视野，打开你的心灵。在你继续你的校园和人生旅途时，请记住下面几点。

拥抱你的超能力。在学生时代，说话和社交通常被看成重要的"社交货币"，以至于安静像是一个弱点。但是我希望你明白，内向的人是真正强大的人。你可以把那些知名演员、极具开创性的科学家、才华横溢的作家、亿万富翁、全明星运动员、喜剧演员以及很多其他独一无二的个体当作你的同盟。所有这些人，还有这本书故事里的孩子们，都学会了拥抱内向者的神秘力量：深刻的思考力、高度的集中力、泰然的自处力和杰出的倾听力。

拓展你的舒适区。 永远不要以内向为借口回避新事物。初中时，我做梦也想不到我会成为知名的公众演说家。不过我慢慢地拓展了我的舒适区，先是在少数人面前尝试，再慢慢过渡到越来越多的听众。无论你在尝试什么，我都鼓励你：找到自己的边界，然后合理地拓展它。拉伸你的性格"橡皮筋"，不过要慢慢来。

找到适合的灯光。 你们当中有些人可能喜欢聚光灯的温暖炫目，也许在舞台上唱歌、跳舞或演戏能让你们找到自我。而另一些人也许喜欢学习代码时笔记本发出的微光，或是独自阅读、写作时开着的一盏台灯。找到让你感觉最惬意的灯光，找到让你深深着迷的事——那就是点亮你生活的那件事。

追随你的热情。 没有什么比一项事业、一个目标或一种兴趣，更能激励你突破自我限制了。它可以是一项运动、一门艺术，或者一种想要修补或创造的愿望。几年前，我发现我的使命就是写作和开展"安静的革命"。我不是为了寻求关注才去世界各地演讲的，我走到那些人面前是因为我相信自己的使命，我需要告诉人们：安静是有力量的。找到你的热情所在，忠实于自己和内在的力量，你就会实现自己的目标。

给你的电池"充电"。 在你冒险去适合外向性格的场合与环境锻炼时，记得自己还有清静平和的需求。腾出时间来复原，找到自己的"恢复壁龛"。沿河漫步，关上门待会儿，或是闭上眼安静地听听音乐——将世界隔离在外，哪怕只是几分钟。正如电量过低，电子产品就无法正常运转一样，你也需要"充电"。

珍惜真正的友谊。 内向的一个美好之处，就是我们珍惜亲密和深厚的感情。我们看重与一两个朋友相处的时间。几个挚友要远远好过一堆充数的虚拟朋友或泛泛之交,别让那些人气大战扰乱你的内心。珍视你的好朋友并坚持与他交往,敞开你的心扉,或许在最意想不到的地方,你还会交到新朋友。

与对手合作。作为内向者,我们能从我们外向的朋友、同学和兄弟姐妹身上学到很多,他们能帮助我们全面成长并拓展我们的舒适区。此外,外向者也能通过践行我们安静、内省的生活方式而受益良多。不同性格的人可以建立深厚而牢固的友谊。当我们为了一项事业、一个使命而在一起合作时,我们会变得更加强大,因为我们实现优势互补。

相信自己。或许,此刻若要保持安静实在很难,但是别害怕。要记住,除你之外还有很多内向的人,数量之多远远超过你的想象。世界上有 1/3~1/2 的人都是内向的,也就是说,在嘈杂喧闹的走廊里艰难穿行的安静孩子不止你一个。对于内向者来说,其实没有什么是做不到的。

找到自己的声音。我想节选克洛伊在读大学时写的一篇文章中的一段话来结束本章,来自马萨诸塞州的克洛伊是这样理解自己安静的风格的:"找到自己的声音意味着找到我是谁。我认为,随着对自我理解的深入,我获得了自信,然后获得了自己的声音。找到我的声音并不代表在课堂上发言更多,而是找到自己的存在,发现自己存在的意义,并为之勇往直前。我逐渐意识到,我说的话并不需要是完美甚至正确的……沉默中的那份安宁感渐渐消失了,我没法再满足于只是倾听,我需要开口说话……我慢慢地可以安然地面对自己的不安,开始喜欢自己的声音。"

拥抱你的超能力	拓展你的舒适区
找到适合的灯光	与对手合作
给你的电池"充电"	追随你的热情
珍惜真正的友谊	相信自己

给老师的提醒：
课堂上安静的革命

《内向性格的竞争力》出版后不久，我收到康涅狄格州一位老师的来信，她叫弗伦奇，在当地的私立女校格林威治学院任教。她在去年夏天读到这本书，因而开始用新的视角看待很多学生。她决定学以致用，让学校里更多的学生受益于书中阐释的对内向孩子需求的深层认识。弗伦奇还负责指导学校的一个学生研究小组，小组里的女孩们会在学年初碰头，选定一个与男孩女孩生活相关的研究课题，然后回去搜集数据。在那一学年的开始，弗伦奇在小组讨论时坐下来问大家：有谁曾经在课堂上收到过"多多发言"的鼓励呢？小组成员的性格各不相同，不过那些安静的女孩马上有话要说。那个问题引发了一场讨论，而且那些女孩开始寻找更多线索，没过多久，她们定下来一个课题：研究校园里的内向学生。

秋季学期，她们阅读了《内向性格的竞争力》部分章节，观看了我的 TED 演讲，开始做研究计划。1月，她们进行了一次教师访谈。一开始，老师们并不知道访谈的主题，不过，当女孩们问到怎样的学生才是好学生、老师眼中的模范生是什么样子等问题时，老师们发现，这些孩子最关心的是课堂参与的问题。很快，访谈就变成了开放式讨论，老师们也开始提出自己的疑问。

当女孩们的焦点锁定在"安静的学生及其校园生活"时，老师们的回应各不相同。有些坚持认为口头参与至关重要，还有一些则想要进一步了解内向性格，寻找调整教学方式的可能性。他们提到从课堂参与到课堂投入的调整，就像我们在第2章讨论的。有几位老师还分享了各自对待内向孩子的一些方法。比如，有一位老师会在私下提前告诉那些内向的孩子下节课会有什么内容，并建议他们课前做些准备，那样的话，提问时他们就有话可说了。

访谈结束后，女孩子们给每个高年级学生都发了一份调查问卷，调查的问题类似本书开篇的测试。她们发现，与总人口中的内向者比例相同，学校里大约有1/3的人是内向性格。在弗伦奇的帮助下，她们将《内向性格的竞争力》纳入了全体教职员的夏季阅读书目。

后来，我去参观了这所学校，让我印象最深的就是学校对内向孩子的关注不亚于对外向孩子的。学校并没有完全转变，外向孩子喜欢的热闹的活动依然流行。比如每年开学第一天，学校会为新一届毕业班学生举办疯狂的庆祝活动，充斥着音乐、舞蹈和尖叫。早上集合时，毕业班学生会从一道由同学们手臂相连形成的隧道中冲出来，然后站上讲台一通尖叫。我去参观时，这一传统依然保留着。研究小组里有一个名叫麦迪森的外向女孩，对她来说，最让她兴奋的莫过于这个疯狂的庆祝活动。"我曾梦到它好几回了！"她大笑着说，"不过我那非常内向的好朋友说：'我不讨厌它，但它不是我的菜。'"

让我印象深刻的是，这所学校竟然如此周全地照顾到了两类人的需求。为了让比较安静的孩子也能参与进来，老师们开始改变课堂活动的方式，不过这些改变都不以牺牲外向学生的需求为代价，也就是说，那些改变对两种学生都有益处。在麦迪森选的一门课上，老师开始要求学生们在回答问题之前先想一分钟。麦迪森承认自己通常会迫不及待要说点儿什么，也不管说得对不对，不过那多出来的一分钟迫使她更仔细地思考问题。

这类改变已经在美国多地许多学校发生了，我和我的同事计划更加深入地推动"安静的革命"。我们正在推行学校试点项目，以"静化"校园课程和文化，我们非常乐意跟你聊聊这件事。如何将"安静的革命"引入校园？你可以登录我们的网站 Quietrev.com 了解详情。请与我们联系吧，非常期待与你和你的学校取得联系！

以下是将课堂从"参与式"向"投入式"转型时，可供借鉴的三种策略。

让科技成为桥梁

很多人担心在线媒体是一种有害的依赖，特别是对那些本来就不喜欢面对面交流的学生。其实不然，在线媒体可以成为一座桥梁。就拿米歇尔·兰皮宁来说，她是新泽西州弗里霍尔德镇的高中英语老师。兰皮宁曾经试验过让大家上课时一边看（小说改编的电影）一边面对面（或使用推特）讨论，她发现，正如很多其他老师注意到的，那些很少在课堂讨论上举手发言的同学往往很愿意通过键盘表达看法。还有一年，她要求学生写博客，一个学年写10篇。同时，她要求学生们彼此写评论，这样不仅迫使学生们阅读和理解彼此的想法，还促进了课堂讨论，而这都是因为网络媒体的介入。

为思考留出时间

  加比兹·赖斯达纳是新加坡的一名中学老师，他曾坚信学生的口头参与至关重要。"可以说，我那时的固有想法就是，那些内向或安静的人需要被改变。"他坦言。直到一个学生的出现改变了他的态度和方法。"我有一个学生，"他回忆说，"他在电影制作方面才华惊人，而且他超级内向。"

  那个男孩课上从不发言。刚开始那几天，赖斯达纳先生设法鼓励他开口，询问他对某个话题有什么想法。第二周，这名学生终于说话了："我现在没有什么想说的，等我有了想说的，我自己会说，所以请您不要打扰我。"

  赖斯达纳先生没有生气，只是感到困惑。"我坐在那儿想：'这个13岁的孩子教育了我！'"当然，应该说这位学生说话有点儿直接，大部分老师听到那样的话时，大概不会像赖斯达纳先生这样能够体谅吧。然而赖斯达纳先生却听进去了，因为这个男孩直击问题的核心：为了说而说有什么意义？尽管他上课没有举手，但交上来的作业都写得很好，颇有见地。这说明他上课时认真听讲，而且充分消化了所学内容。他是一位好学生，只不过非常安静而已。

这个男孩启发了赖斯达纳先生，让他重新思考课堂参与的价值。他发现："不发言不代表他们不专注。""那些夸夸其谈的孩子只是想说话，而不知道自己到底想说什么。"发现班里有一些内向的孩子后，赖斯达纳先生改变了自己的授课方式。他会先抛出讨论话题，然后让大家把相关想法写下来，而不是马上点名提问。写好之后，孩子们会再花几分钟时间阅读别人的想法，如果愿意，他们可以给对方点评。"这时，课堂讨论才正式开始，"赖斯达纳说，"孩子们已经有所思考并写下了自己的想法，也看到了别人所写的，这样一来，讨论就是经过准备的，不会冷场。"书写、阅读、点评和讨论的大融合丰富了内向孩子的表达。赖斯达纳先生并没有勉强任何人参与课堂讨论，但内向的孩子通常会自愿加入。

诚然，内向不应被当作沉默的借口。理论上，年轻人应该努力拓展自己，时不时举手回答问题，毕竟长大之后，他们也得这样做。卡万·伊是华盛顿的一名高中老师，他非常了解班里内向孩子的需求，但他同时相信，这些学生要学会在课堂上大方发言，这对他们非常重要。他会在课前告诉他们课上会提的问题，同时，他会挑选那些他知道（通过他们的作业或是与他们私聊）学生会感兴趣的问题，这样学生顺利回答问题的概率就提高了。"他们必须学会面对着自己的同学们做报告或者表达自己的观点，"他说，"不过我会告诉学生，每个人都有自己的适应过程和步调。"

在小组讨论中练习表达观点

　　那些不敢在全班同学面前发言的同学,在小组中或是单个熟悉的搭档面前,通常能自如地表达自己。这就是为什么我强烈推荐第 2 章提到的方法:思考—讨论—分享。这对你班上的那些内向孩子来说,是表达观点的极好机会。

给父母的提醒

本书关乎年轻的读者,也是为他们而写,不过我想,或许有些父母也会阅读本书。校园生活对内向的孩子是一项挑战,对他们的父母也同样如此。我能给出的最重要的建议,就是帮助你的孩子汲取自己天生的力量——成为倾听者、观察者、思考者和安静而坚定的行动者。我们作为父母的职责就是帮助孩子成长,拓展他们的边界,同时,我们一定要尊重并乐于接受他们真实的样子。正如一个内向孩子的母亲埃莉诺所说:"对于内向孩子来说,父母的支持更为重要。他们比普通孩子更需要队友——那些懂他们的人。"

如果你想更多地了解如何做内向孩子的父母,"安静的革命"已推出一系列多媒体互动课程,专门为像你这样的家长而设计。这些课程会为你提供你所需要的教育方法,教你在老师和亲友善意地"评价"孩子安静的性格时,怎样为他辩护;还会搭建一个网络平台,便于你与其他家长互动交流。你们可以分享自己的故事,向他人寻求或提供建议,与其他正面临类似"奖赏"或挑战的父母携手并进。你可以随时登录 Parenting.quietrev.com 了解更多详情。

下面是几条简单易行的建议。

鼓励发展特长和自我表达

自主性和自我表达对任何一个孩子都无比重要，而内向孩子更需要受到鼓励，以找到适合自己的途径，不论是通过运动场、舞台、实验室、一项课外活动，还是一篇小小的文章。内向者往往会受到内在兴趣和激情的驱动，在生活中会自然而然地以自己最喜欢做的事情为中心。这非常好，因为对一两件事情的专注能够帮助孩子打造在那一两个领域的专长，专长又能带来自信——而不是因为自信才能培养专长。很多内向的孩子还能通过共同的兴趣交到朋友，而不是通过那种为了社交而社交的活动。凭借兴趣爱好，有些孩子甚至担任了领导职务，那是他们自己远没有预料到的。

作为家长，你能做的最好的事情之一，就是别挡道，让你的孩子接触多种多样的科目和活动，然后让他自己做选择。不要期待孩子有什么一点就着的激情，孕育和培养激情也许是一辈子的事，但那也是值得的。

帮助孩子应对社交

面对现实吧：青少年的社交之路可谓坎坷不平，对内向孩子来说尤其如此，因为他们置身于高度重视外向合群的校园文化中。作为一位爱子心切的家长，你一定迫切想要帮助孩子在社交世界畅游，不过在你意气用事之前，请记住，父母的功课各不相同，因为父母的性格也有内外向之分。

如果你性格内向，你可能就很容易理解孩子的感受，不过问题也许是你太过感同身受了。如果这正是你面临的情况，那你大概需要先修养自己的内心——通过朋友、咨询师或冥想，来学会爱那个安静的自己，然后认识到，你的孩子不是你，他并不注定要重复你自己在青少年时期经历过的痛苦往事。

如果情况相反——你性格外向，那么也许你能起到榜样的作用，示范如何轻松进行社交，但你在理解孩子内在的体验和焦虑方面，可能就心有余力不足了。外向的父母常常感到困惑，不明白他们内向的孩子怎么会对派对之类的活动显得漠不关心。

窍门就在于，在"放手不管"和"凡事都管"之间，找到中庸之道，以帮助孩子面对社交。如果孩子显得有心事或需要倾诉，那就无论如何都要伸出援手。晚餐时演练一下孩子第二天将在学校餐厅碰到的社交困境通常会有所帮助，那会帮他为即将到来的"实战"做些准备。不过，有心理学家（比如马里兰大学的肯尼思·鲁宾）发现，一两个知心朋友的存在就足以说明孩子没有问题，前途一片光明。他们绝对不需要很多热爱社交的朋友——哪怕那是你自己小时候喜欢的。很多内向者的朋友并不多，但他们的友谊忠诚牢固、经久不变。"要记住，只要有一个真正的朋友，你就比世上所有人都幸运，因为真正的友谊是难能可贵的，"心理学家维迪沙·帕特尔说，"能交到那样的朋友，就说明你做得非常非常好了。"

为演讲做准备

有些内向孩子并不怯于演讲，如果你的孩子正是这样，那真是一桩幸事！不过如果你的孩子跟很多人一样会怯场——演讲几乎是全世界人最恐惧的事，不论内向还是外向，下面是一些可以帮助他克服怯场的方法。

注意焦虑指数。让孩子突破舒适区是一件好事，但要循序渐进，别让焦虑值爆表。用 1~10 表示焦虑水平，问问他的焦虑值是多少。最好能控制在 4~7 之间，如果到了 7~10，那就接近恐慌了，孩子很可能会不舒服，产生反效果。低于 4 则说明她毫不费力，4~6 说明他在努力，一旦他在这个焦虑区间内完成一项任务，她就可以继续尝试更富挑战性的活动了。

调查研究。鼓励你的孩子掌握他要讲的话题，不论是一本书、一个新闻热点，还是一个著名的历史人物。记住，熟练掌握能让你自信，而不是自信了才能掌握相关内容！

头脑风暴。给孩子一块白板、黑板，或者只是一张纸，让孩子把重要的事实和想法记下来。

讨论。用友好的方式就给定的话题提问孩子，也许就在交谈中，他会发现自己要关注的焦点在哪里，而且这也是演讲之前的初步练习。

列提纲，做准备。接下来，你的孩子应该列出这次演讲的要点，搜集恰当的视听材料（如果允许的话），甚至在适当的时候，写下完整的演讲稿。

排练。利用娃娃、玩具或者邀请家庭成员，确保你的孩子在家里或是在少数信得过的人面前，反复练习演讲。提醒你的孩子：面带微笑，锁定几个人进行眼神交流，深呼吸，放轻松。

搭建恢复壁龛

内向青年鲁泊尔的母亲发现，给予内向孩子所需的安静时光是保证他们心理健康和学业顺利的关键。鲁泊尔上幼儿园时，母亲每天都去学校接她。每天，鲁泊尔都笑容满面地走出教室，可是一上车，一丁点儿小事都能让她爆发。她的母亲使劲儿想搞明白自己到底哪儿做错了——是拿错果汁了，带错零食了，还是给她穿错鞋了？可鲁泊尔只是又哭又闹，势如狂风暴雨。

她的父母此前并没见过鲁泊尔这个样子——他们的女儿之前一直都很可爱。他们担心鲁泊尔在学校也是这个样子，于是去问老师。让他们既放心又惊讶的是，老师说鲁泊尔在学校的表现非常好。

这时，鲁泊尔的母亲意识到：自己的女儿是在多么努力地克制着自己，去跟老师和其他孩子相处。到放学时，她已经精疲力竭了，所以车门一关，她就要把情绪宣泄在她唯一可以宣泄的人——她的母亲身上。

虽然随着年龄的增长，鲁泊尔不再那样发脾气了，她的母亲却从未忘记。她明白，结束了学校热闹又漫长的一天，女儿需要时间来复原。随着鲁泊尔长大，她不再闹脾气了，取而代之的是一种新的情绪处理方式——每天放学之后，她跟妈妈打个招呼，就径直回房间，在那里待上个把小时，看书、听音乐、写东西。等出来时，她就又精神焕发，愿意与人交流了。对于母亲来说，门外的时光有时十分难熬，但她知道女儿多么需要独处。

鲁泊尔母亲的经历告诉我们，事情有时候并不容易。我们想在放学之后跟孩子交流，也想看到他们跟别的孩子在课外活动中互动，可是我们要非常仔细地区分我们自己的需求和他们的需求。这并不意味着你内向的孩子会在自己的房间孤独地度过整个青春期，而是说，为了让他在其余的时间里更开心、更有活力、更愿意与他人相处，我们要尊重他独处的需要，满足他休憩的需要。内向的孩子"需要时间来减压、幻想、无所事事，不论这无所事事有没有用"。心理学家伊丽莎白·米卡说："我们应该把空想列入他们的课外活动。"

致 谢

衷心地感谢贡佐、山姆和伊莱,他们是我每日快乐和灵感的源泉;感谢我的合作作者格雷戈里·莫内、埃丽卡·莫罗,没有他们就不会有这本书;感谢我聪慧大胆的编辑劳里·霍尼克,在他的帮助下,这本书才能历经曲折得以出版;感谢我的超级经纪人理查德·派恩;感谢企鹅出版社出色的团队:安东·伯拉罕森、里贾纳·卡斯蒂略、克莉丝汀娜·科兰杰洛、瑞秋·科恩-戈勒姆、劳伦·多诺万、杰基·恩格尔、费利西亚·弗雷泽、卡梅拉·伊利亚、珍·洛西哈、尚塔·纽林、凡妮莎·罗伯斯、贾斯明·罗伯托、克里斯汀·托佐、艾琳·范德沃特、唐·韦斯伯格;感谢格兰特·斯奈德,感谢他优雅的插画;感谢雷妮·科尔主席,感谢你为我们所做的一切;最重要的是,感谢那些在采访中为本书贡献故事和智慧的你们。

还要特别感谢那些帮助过我们,以及正在帮助我们推动"安静的革命"的富有激情和才华的朋友,但是人数太多,在此无法一一提及。

最后但同样重要的是,感谢那些自《内向性格的竞争力》出版以来这几年中曾与我联系的安静的孩子、少年、家长、监护人和教育工作者,正是你们,激发了我来写作这本书。

注 释

[1] Rowan Bayne, in *The Myers-Briggs Type Indicator: A Critical Review and Practical Guide*（London: Chapman and Hall, 1995）.

[2] Carl G. Jung, *Psychological Types*［Princeton, NJ: Princeton University Press, 1971; 最初发表于德国，书名为 *Psychologische Typen*（Zurch: Rascher Verlag, 1921）］, esp. 330-337.

[3] Gandhi, *Gandhi: An Autobiography: The Story of My Experiments with Truth*（Boston Beacon Press, 1957）, esp. 6, 20, 40-41, 59-62, 90-91.

[4] Kareem Abdul-Jabbar, "20 Things I Wish I'd Known When I Was 30," *Esquire*, April 30, 2013.

[5] Elisa Lipsky-Karasz, "Beyoncé's Baby Love: The Extended Interview," *Harper's Bazaar*, October 11, 2011.

[6] Derek Blasberg, "The Bloom of the Wall ower," *Wonderland* magazine, February 5, 2014.

[7] Rivka Galchen, "An Unlikely Ballerina," *The New Yorker*, September 22, 2014.

[8] Walter Isaacson, *Einstein: His Life and Universe*（New York: Simon & Schuster, 2007）, 4, 12, 17, 2, 31, etc.

[9] Hans J. Eysenck, *Genius : The Natural History of Creativity*（New York: Cambridge University Press, 1995）.

[10] Russell Geen, "Preferred Stimulation Levels in Introverts and Extroverts: Effects on Arousal and Performance," *Journal of Personality and Social Psychology* 46, no. 6（1984）: 1303-1312.

[11] 出自作者采访资料。

[12] 老师并不是唯一一看中积极发言的人群。研究表明，所有人都更重视健谈的成员。一组科学家曾将大学生分成若干小组，请他们合作解答数学题。学生解题时，科学家们在一旁观察。解答完毕时，科学家们请学生匿名给其他组员打分。总体来说，那些早发言、勤发言的同学得到的分数最高，被认为是最聪明的组员，尽管那些同学在解题方面要略逊一筹。

Cameron Anderson and Gavin J. Kilduff, "Why Do Dominant Personalities Attain Influence in Face-to-Face Groups? The Competence Signaling Effects of Trait Dominance," *Journal of Personality and Social Psychology* 96, no. 2（2009）: 491-503.

[13] Mary Budd Rowe, "Wait-Time: Slowing Down May Be a Way of Speeding Up," *Journal of Teacher Education* 37, no. 1（January 1986）.

[14] 摘自埃米莉2013年1月10日写给作者的电子邮件。

[15] 该人物原型是作者采访过的两个男孩，在书中化名为利亚姆。

[16] A.M. Grant, F. Gino, D.A. Hofmann, "Reversing the Extraverted Leadership Advantage: The Role of Employee Proactivity," *Academy of Management Journal* 54, no. 3（2011）: 528-550.

[17] Jim Collins, *Good to Great: Why Some Companies Make the Leap—and Others Don't*（New York: HarperCollins, 2001）.

[18] 出自艾琳的脸书网页。

[19] Blanche Wiesen Cook, *Eleanor Roosevelt, Volume One: 1884-1933*（New York: Viking Penguin, 1992）, 125-236. 另见 *The American*

Experience: Eleanor Roosevelt（Public Broadcasting System, Ambrica Productions, 2000）.

［20］Kathryn Schulz, "On Air and On Error: This American Life's Ira Glass on Being Wrong," Slate.com, June 7, 2010.

［21］Samuel D. Gosling, Ph.D., Adam A. Augustine, M.S., Simine Vazire, Ph.D., Nicholas Holtzman, M.A., and Sam Gaddis, B.S., "Manifestations of Personality in Online Social Networks: Self-Reported Facebook-Related Behaviors and Observable Profile Information" *Cyberpsychology, Behavior, and Social Networking* 14, no. 9（2011）.

［22］S. M. Reich, K. Subrahmanyam, G. Espinoza, "Friending, IMing, and Hanging Out Face-to-Face: Overlap in Adolescents' Online and Offline Social Networks," *Dev Psychol*, no. 2（March 2012）: 356-368.

［23］出自作者采访资料。

［24］A. M. Manago, T. Taylor, P.M. Greenfield, "Me and My 400 Friends: the Anatomy of College Students' Facebook Networks, Their Communication Patterns, and Well-Being," *Dev Psychol*, Epub（Jan 30, 2012）.

［25］本章史蒂芬·沃兹尼亚克的故事主要出自他的自传《*iWoz*》，（New York: W. W. Norton, 2006）。该自传中文版已由中信出版社出版。

［26］Avril Thorne, "The Press of Personality: A Study of Conversations Between Introverts and Extraverts," *Journal of Personality and Social Psychology* 53, no. 4（1987）: 718-726.

［27］来自对J.K.罗琳的专访（Shelagh Rogers and Lauren McCormick, Canadian Broadcasting Corp., October 26, 2000）。

［28］"Thoughts from Places: The Tour," Nerdfighteria Wiki, January 17, 2012.

［29］Jen Lacey, "Inside Out, Buzz Lightyear and the Introverted Director, Pete Docter," ABC.net, June 17, 2015. 另见 Michael O'Sullivan, "'Up' Director Finds Escape in Reality," *The Washington Post*, May, 29, 2009.

［30］Justin Davidson, "The Vulnerable Age," *New York* magazine,

March 25, 2012.

［31］Mihaly Csikszentmihalyi, *Creativity: Flow and the Psychology of Discovery and Invention*（New York: Harper Perennial, 2013）, 177.

［32］出自2013年7月24日作者进行的采访。

［33］Thomas Boswell, "Washington Nationals Have Right Personality to Handle the Long Grind of a Regular Season," *The Washington Post*, February 17, 2013.

［34］Jessica Watson, *True Spirit: The True Story of a 16-Year-Old Australian Who Sailed Solo, Nonstop, and Unassisted Around the World*（New York: Atria Books, 2010）.

［35］Michael X. Cohen et. al, "Individual Differences in Extroversion and Dopamine Genetics Predict Neural Reward Responses," *Cognitive Brain Research* 25（2005）: 851-861.

［36］出自2014年2月16日作者进行的采访。另见G. Breivik, "Person-ality, Sensation Seeking and Risk Taking Among Everest Climbers," *International Journal of Sport Psychology* 27, no. 3（1996）: 308-320.

［37］达尔文的信息来自http://darwin-online.org.uk，另见Charles Darwin, *Voyage of the Beagle*（New York: Penguin Classics, Abridged edition, 1989）.

［38］Douglas Brinkley, *Rosa Parks*: *A Life*（New York: Penguin, 2000）.

［39］Steve Hinds, "Steve Martin: Wild and Crazy Introvert."

［40］Tavi Gevinson, "I Want It to Be Worth It: An Interview With Emma Watson," *Rookie* magazine, May 27, 2013.

［41］Brian R. Little, "Free Traits, Personal Projects, and Idio-Tapes: Three Tiers for Personality Psychology," *Psychological Inquiry* 7, no. 4（1996）: 340-344. 本章关于布赖恩·利特尔的故事来自2006—2010年作者对他的电话及邮件采访。

［42］Brian Little, "Free Traits and Personal Contexts: Expanding a Social

Ecological Model of Well-Being," in *Person Environment Psychology: New Directions and Perspectives*, edited by W. Bruce Walsh et. al. (Mahwah, NJ: Lawrence Erlbaum Associates, 2000).

[43] Jennifer M. Wang, Kenneth H. Rubin, Brett Laursen, Cathryn Booth-LaForce, Linda Rose-Krasnor, "Preference-for-Solitude and Adjustment Difficulties in Early and Late Adolescence," *Journal of Clinical Child & Adolescent Psychology* 0 (0) (2013): 1-9, 2013.